U0132129

吞云吐雾

Learning to Smoke:
Tobacco Use in the West

西方烟草使用史

[英] 贾森·休斯（Jason Hughes）——著

石雨晴——译

贵州出版集团
贵州人民出版社

致我的父亲艾伦·休斯、母亲芭贝特·休斯，以及我的妹妹们：卡赫里、科莉特和乔－安。

目　录

前　言　/ 001

致　谢　/ 007

引　言　人们为何吸烟：给社会学家的问题？　/ 001

第 1 章　美洲原住民的烟草使用　/ 027

第 2 章　烟草使用和体液学说：烟草初入英国及其他欧
　　　　洲地区　/ 060

第 3 章　烟草使用与临床意义上的身体：20 世纪西方的
　　　　烟草使用　/ 166

第 4 章　成为吸烟者　/ 253

结　论　/ 315

参考文献　/ 337

前　言

　　若问我为何对烟草使用感兴趣，这背后有个故事。21 岁的我是莱斯特大学社会学专业的学生，正在给自己的本科毕业论文选主题。我坐在学生咖啡厅，喝着咖啡，抽着烟——这是我课间常做之事。"我只知道，"我一边吐着烟圈，一边想着，"我想研究点跟艺术家及其作品有关的东西……比如，他们的作品如何反映他们的背景，如何通过阅读他们的作品推断他们的阶级、性别、种族等。"我记得，我在思考时，总会时不时停下来抽几口烟，喝几口咖啡。没一会儿，我又改了主意。"不，这个主题可能有人研究过了……不，这个主题太大了，要研究这类问题可能必须研究整个艺术史。"想着想着，我注意到了自己当下正在做的事。我举起香烟，心想："这个怎么样？社会学家能研究吸烟问题吗？有社会学家研究过吸烟问题吗？"为了找到答案，我打开计算机，在莱斯特大学图书馆的馆藏文献中进行了检索，检索关键词是"吸烟社会学"。屏幕上显示的检索结果非常少：少数文献研究了吸烟水平与社会阶层之间的关系；一些诊断性研究探究了不同地理地区儿童吸烟的发生率；另有一些文献探讨了与之相关的政治／法律问题；诸如此类。我换掉关键词又检索了一次，这次只检索了两个字——吸烟。这次的检索结果当然很多，数以千计，但大部分都集中在临床心理学和医学领域。对此，我并不意外，但当我开始从社会学角度思考吸烟这一主题时，它显得更加新奇有趣了。确实有海量资料探究了非常具体的问题："香烟的焦油含量越低，吸烟者摄入的香烟成分是否就越少？"；"所罗门群岛五个族群的吸烟与肺功能研究"；"戒烟初评量表的编制与心理测量评估"；等等。我想知道自己如何才能为这一已然十分庞大的文献库做出贡献。

差不多也是在这个时候，我通过社会学理论讲师埃里克·邓宁（Eric Dunning）初次了解了诺贝特·埃利亚斯（Norbert Elias）的研究。"延长相互依赖链"是埃利亚斯提出的关键概念之一，为了阐明这一概念，埃里克描述了他那天的早餐：哥伦比亚的咖啡，美国佛罗里达州的橙汁以及新西兰的黄油。他想说明的是，即便是早餐这样的日常之事，也离不开一张延伸到远方的相互依赖网络：他要吃到这顿早餐，离不开运输商、种植者、杂货商、上架员等各种角色，这些人对他也有着不同程度的依赖，需要他购买并吃掉他们的产品。我由此产生了一种想法：还有什么比香烟更能体现这种相互依赖链呢？与埃里克的早餐一样，围绕吸烟活动也存在一条牵连广泛的相互依赖链，这根链条串联着烟草生产商、香烟生产商和运输商，以及这些行业和烟草消费的监管机构。我的万宝路香烟含有特定量的尼古丁和焦油，且明确标注在包装上，包装上还写着"吸烟有害健康"，这一切都并非偶然。根据我对烟草使用史的初步了解，我面前的这些香烟，其包装、设计和形式显然（至少部分）源自于政府、烟草生产商、烟草消费者和医疗行业之间权力关系的长期转变。

这些发现让我产生了一个疑问，我对吸烟的"需求"从何而来，尤其是在思考或沉思时——这只是一种生理冲动吗？是否有更多社会学或心理学方面的理由可以解释我的行为？作为一名社会学家，我立刻对自己一直认同的学科区分产生了怀疑。在我看来，埃利亚斯社会学令人振奋之处在于，它试图跨越这些区分，不再把生理学、社会学和心理学看作彼此独立的学科。因此，就在此刻，我不仅找到了自己想要研究的问题：人们为何吸烟；也找到了通向答案的方法：不仅要着眼于生理层面，还要着眼于社会、心理等层面，从跨学科角度对这一问题展开研究（Elias 2000）。

人们为何吸烟？这确实是个分量很重的问题，但我很快意识到这个问题不好研究，尤其是对一万字的本科毕业论文来说，我需要将其细化。我把自己的论文计划告诉了一个朋友，我知道她会给我有用的反馈。她质疑道："你为什么想研究吸烟？这个主题有点无趣，它一点争议都没有。"这个主题，我已经思考、理解了一段时间，攒了足够多的材料为自己辩护。我站在道德制高点上，指出吸烟是欧洲可预防疾病的主要病因，是商品拜物教的终极代表，是一种"错误的需求"；她有点被我说服了。当我将自己要探究的问题告诉她时，她说："这不是社会学家该研究的。"我知道她言之有理，我确实需要换一种说法，让它与我的目的相符（至于如何改述，见本书引言）。然而，通过与她的进一步探讨，我发现她的反对根源于这样一种假设：我无法通过社会学调查找到这个问题的答案，这个问题毫无疑问属于临床医学范畴。但我的感觉是，社会学或许真能对此有所贡献，尤其是试图同时从生物药理和社会心理学层面来研究烟草使用的社会学。我的目的不是利用临床医学了解人们为何吸烟，而是探索跨学科、发展性的研究方法可以为这一领域做出何种贡献。我的本科毕业论文是我探究这一兴趣领域的开端，也为我后来撰写博士论文（完成于1997年）奠定了基础，我的博士论文最终又成为了我写作本书的基础。

人们常在听到我对吸烟研究感兴趣的原因后，问出一个问题：开始研究后，我是否成功戒烟了。我知道这个问题有玩笑的成分，仿佛是要检验我的研究和想法是否诚实。我已经戒烟了。我曾经一天吸烟近40支，后来逐日减少了吸烟量。到写作本书时，我已经10年没有吸过一口烟了，这要部分归功于我为本科毕业论文所做的研究。为完成本科毕业论文，我查阅了有关戒烟的文献。其中有一本书非常棒，那就是亚伦·卡尔（Allen Carr）的《这书能让你戒烟》（*The Easy Way to Stop Smoking*）；它为我提供的戒烟方法与市面上诸多自助类书籍所探讨的都不一样。这本书的重点在于不使用尼古丁贴片等辅助工具来戒烟，以及换一种思维来看待吸烟行为，对我来说，这一重点也强调了从社会心理学角度认真研究烟草使用的重要性。因此，与其说我戒烟一事是对自己研究的佐证，不如说是对卡尔那本书的佐证。不过，我还是由衷地希望这本书的观点能为吸烟问题的研究提供新的方向，增进我们对烟草使用的理解；能有助于进行更成功的政策干预；以及能有助于制定更有效的戒烟策略。

对于想要迅速了解本书观点的读者，我推荐三个部分：引言，尤其是引言结尾部分，我给出了本书概要；第3章结尾，我总结了前3章的要点；以及整本书的结论部分。

致　谢

　　首先，我要感谢埃里克·邓宁教授。自我考入莱斯特大学（the University of Leicester）本科开始，埃里克就一直是我学术灵感、动力和批判性探讨的源泉，还一直为我提供优质红酒。他对我社会学家思维的培养和学术生涯的发展都有过莫大影响。埃里克是位真正伟大的老师兼学者，也是无可挑剔的好友。我至少欠他一千顿鱼！

　　然后是莱斯特大学劳动力市场研究中心的每一个人，感谢他们对我的大力支持，特别是约翰尼·宋（Johnny Sung）、大卫·阿什顿（David Ashton）、约翰·古德温（John Goodwin）、凯瑟琳·希尔斯（Katharine Hills）、帕特里克·鲍恩（Patrick Baughan）、萨莉·沃尔特斯（Sally Walters）和亨丽埃塔·奥康纳（Henrietta O'Connor）。

　　还有我的家人，感谢他们对我的支持与鼓励，特别是妹妹卡赫里·休斯（Kahryn Hughes），在我写作这本书时，她给予了我直接的帮助，激发了我的思考，并为我指明了一些原本可能会漏掉的研究方向。

我还要感谢霍华德·贝克尔（Howard Becker）、斯蒂芬·门内尔（Stephen Mennell）、伊万·沃丁顿（Ivan Waddington）、卡斯·武泰（Cas Wouters）、安妮·默科特（Anne Murcott）、乔·古斯菲尔德（Joe Gusfield）、桑迪·黑兹尔（Sandy Hazel）和尼克·朱森（Nick Jewson），感谢他们为本书写作提供的指导与建议。

最后是我的许多好友，谢谢他们的友谊、支持、激励、帮助和其他付出，没有这些，我不可能完成这本书，特别感谢海伦·赖利（Helen Riley）、简·赖利（Jane Riley）、菲奥娜·哈里斯（Fiona Harris）、斯蒂芬·乔伊（Stephen Joy）、西蒙·马斯特斯（Simon Masters）、贝娅塔·米哈卢克（Beata Michaluk）、西蒙·福克斯（Simon Fox）、阿斯特丽德·布罗（Astrid Buhrow）、约翰·古达克（John Goodacre）、乔安妮·哈默（Joanne Harmer）、罗伯特·阿什（Robert Ash）、露西·多比（Lucy Dobey）、尼基·瓦林斯（Nikki Vallings）、路易丝·里格比（Louise Rigby）、阿尔温·拉登（Arwen Raddon）、安妮·科林（Anne Colling），以及所有参与过本研究的人。

引　言

人们为何吸烟：

给社会学家的问题？

人们为何吸烟？这个问题确实有趣，但有内在缺陷。有关这一问题的研究已然十分广泛，但研究者主要是临床医生，而非社会学家。正如后文将探讨的，这可能只表明在如今的西方[1]思维中，医学领域的烟草使用观念占据着主导地位。这些观念让人们以为，这个问题的"答案"早已找到：人们吸烟的主要原因是尼古丁成瘾。或者可以说，该误解的出现源自这一问题本身的缺陷：它几乎是在恳求人们得出一个"普适性"的答案，仿佛本就存在一个通用的、本质性的解释，只等着有人去发现。

———————

[1] 我在本书中所用的"西方"一词，指的并非一个社会所处的地理位置，而是其社会文化"类型"。

社会学家的一大特点是，对于任何无视个体差异、只求一个本质解释的问题，都持怀疑态度。纵观历史，社会学家对吸烟问题的探究，往往也是对社会差异的探究，比如，吸烟、社会阶层和女性生活之间的关系（Graham 1992）。社会学领域其实做过许多吸烟的相关研究，只是换了一种问法，比如，"为什么女性吸烟的可能性高于男性""为什么 X 社会阶层吸烟的可能性高于 Y 社会阶层"等。这些问法其实避免了直面"人们为何吸烟"这一问题，避免了直接挑战有关吸烟的主流观点。比如，格雷厄姆（1992）认为，吸烟与阶层有关，关联之处在于压力（这其实是对吸烟问题的过度简化）：如今，西方普遍将吸烟视为一种减压方式，生活越困苦，压力越大，越需要减压，因此弱势群体吸烟的可能性更大。

　　本书将绕开其他社会学家已经做过的吸烟相关研究，直面在"人们为何吸烟"问题上占据主导地位的观念，探究它们的历史起源，这些观念也包括距今较近的那些，比如，"吸烟的本质就是一项减压活动"。我的主要目的是重新阐释这一问题及其"答案"，为此，需要研究西方烟草使用的长期发展历程，这就是我所用的主要方式。因此，本书将重点探讨以下问题：

● 不同文化中的烟草使用观念是如何发生变化的，

变化程度有多大?

- 这些观念是如何影响烟草使用体验以及成为烟草使用者的体验的,影响程度有多大?

- 不同文化中的烟草及其使用形式是如何发生变化的,变化程度有多大?

- 这些变化过程与更广泛的长期社会进程之间有何关联,有多大的关联?

- 对烟草使用长期发展历程的分析会如何影响我们对烟草使用行为的理解,如何帮助我们找到更成功的干预策略,这种影响与帮助的程度有多大?

本书的主要内容分为两大部分。第一部分(第1~第3章)是在广泛文献研究的基础上,通过研究美洲原住民在与欧洲殖民者初次接触前后的烟草使用行为,分析烟草使用在西方及其他地方的长期发展历程。我追踪了人们烟草使用观念的转变:起初,烟草被美洲原住民用作萨满仪式中的致幻剂;到了16世纪和17世纪初,欧洲的许多地方都普遍将烟草视为万灵药;如今,烟草的使用又被视为一种蔓延全球的成瘾性疾病,流行程度不亚于大流行病。我希望通过研究上述观念与更广泛社会进程之间的关联,更好地解释这些长期的范式转变。

本书第二部分(第4章)研究的是个人层面的烟草

使用。我之前做过一项研究，收集了许多吸烟者的自述，在这一部分，我将通过对该研究的探讨，探究个人在成为吸烟者时经历的一系列过程。核心主题包括烟草使用的观念和体验与个人身份、人生转变以及前3章所探讨的更广泛改变过程之间的关系。

我是一名社会学家，社会学自然也就贯穿在我所写的这本书中：既有社会学方法，也有从社会学角度提出的问题。不过，本书的目标群体并不只有社会学读者。我尽力想让没有任何社会学背景的读者也能看懂，也尽量不过多唠叨社会学领域的争论，不过多开展一般性的理论探讨。每次用到社学会概念，都会附上详尽的解释。我的目的很明确，就是努力让自己的书吸引到更广泛的读者群体，不把它局限在狭窄的学术圈子内。本书的主要目的之一确实是摆脱学科界限的限制，探索开放式跨学科方法在研究吸烟问题上的优势。

我希望能帮助读者全面理解烟草的使用。这种理解关注的是社会心理过程与生物药理过程之间动态的相互作用，后文也将论证，烟草使用的体验正是由这两类过程共同塑造而成的。至于临床医学对烟草使用行为的理解，我既会公正批判，也会加以利用。我希望本书可以利用这种全面的跨学科研究方法，为吸烟这一主题做出独一无二的贡献。

有关烟草使用的文献浩如烟海，虽然大多都是以临床心理学或医学为导向，比如，药理分析和流行病学研究[1]，但还是有一些关注到了更广泛社会背景下的烟草使用，在这类文献中，本书主要参考了许多社会历史研究，以及有关烟草产品广告、使用和营销的政治争论和法律争论。接下来，我将简要介绍部分启发并影响过本书的关键文献，以及我将如何在这些文献的基础上提出自己的论点。

本书的起点

在研究烟草使用的历史文献中，乔丹·古德曼（Jordan Goodman）的《历史上的烟草：依赖文化》（1993）是最重要也最全面的著作之一。古德曼条理清晰且详细地介绍了烟草：烟草这种商品的出现，以及烟草使用的社会史（本书很多地方都援引了古德曼的观点，尤其是第1章和第2章）。古德曼的主要目标是，弄清究竟是哪些过程让烟草的使用在全球那么多的社会中无处不在，并对这些过程加以理解。许多文献在研究烟草时都是立

---

[1] 有趣的是，吸烟活动本身以及吸烟的相关疾病都被贴上了大流行病的标签。

足于现在，古德曼（和我）则不然，他认为烟草现象的背后有着"厚重的历史，这段历史远不只是研究当代问题的背景这么简单"（Goodman 1993：24）。古德曼（此处引自古丁［Goodin 1989：574，587］的著作）指出了烟草使用观念经历过的一些重大转变：

> 　　将尼古丁确定为成瘾性药物不仅改变了吸烟者的形象，还将历来用于描述硬性毒品成瘾者的词汇表用到了吸烟者身上。此外，这一定性也复兴了将烟草使用本身视为疾病的概念，复兴的方式包括用词的改变，比如，新增了"尼古丁中毒"（nicotinism）、"烟草中毒"（tobacconism）等词。换言之（由于大多数吸烟者都无法一次性戒烟成功），人们认为尼古丁成瘾者需要借助外力才能成功戒烟；吸烟行为也不再被描述为"个人恶习"，而是被描述为严重成瘾。"……一旦尼古丁成瘾，吸烟就不再是你同意承担相应风险后的主动选择了。"（Goodman 1993：243）

　　若只看上面这一段内容，古德曼似乎并不赞同吸烟是瘾的当代观念，但事实并非如此。他一直都是当今"成瘾者词汇表"的支持者。他的核心论点其实是，烟草在所有与它相关的人士中孕育出了一种**"依赖"**（*dependence*）文化。他写道："烟草的历史充满了冲突、妥协、胁迫与合作。正是这一历史过程让烟草成为令使用者、种植者和政府都欲罢不能的瘾"（Goodman 1993：14）。

古德曼探讨了吸烟者形象的变化，吸烟是"病"这一观念的复兴，吸烟是"严重成瘾"这一观念的形成，等等，但无意深入探究它们的重要性。我则是通过对照文明化（civilization）、医学化（medicalization）等长期转变过程，探究他所提到的那些变化是如何出现的（后文将进一步解释这里出现的两个术语）。此外，本书的另一核心主题是：研究这些不断变化的观念如何对烟草使用的体验本身产生深远影响。为此，我必须摈弃那些只从生理维度解释烟草使用行为的传统观点。从古德曼的著作中可以明显看出，他的分析正是建立在这些传统解释的基础之上：

> 下面是关于尼古丁的两点事实：第一，人们无论使用何种形式的烟草，都是为了获取尼古丁；第二，"烟草的使用是经常性的、冲动的，戒烟时往往会产生戒断综合征"。这两点现在看来无可辩驳，但也是最近才得到确认的。（Goodman 1993：5）

在解释人们为何吸烟时，不再只着眼于生理层面，就能为理解烟草使用观念可能的形成过程开辟出更广阔的可能性。霍华德·贝克尔（Howard Becker）1963年所写的经典论文《成为大麻使用者》（Becoming a Marijuana User）就为我们提供了一个跳出生理维度的绝佳模型。

贝克尔描述了大麻使用者的"职业生涯"。第一阶段是学习吸食大麻的技巧。新手在第一次吸食时往往无法获得快感，一般都需要多次尝试。他们首先需要从其他大麻使用者那里学习最有效的大麻吸食技巧。新手可以通过他人直接指导或自己间接学习（比如，自行观察和模仿）的方式，学会如何让大麻烟雾尽可能长时间地留在肺部。贝克尔表示，使用者若无法掌握这一技巧，就只能体验到大麻的最小效果，也就不太可能进入这一"职业生涯"的高级阶段。

第二阶段是学会感知大麻的效果。使用者一开始其实并不清楚自己感受到的是什么。若想获得快感，两点必不可少：一是大麻发挥了效果，二是使用者能辨别并解读这些效果。使用者必须具备辨别大麻效果的能力，并有意识地将这些效果与大麻吸食行为关联起来，这样才能获得快感。新手要在其他大麻使用者的提示下不断改进，最终弄清自己到底应该体验到什么。在贝克尔的研究中，所有继续吸食大麻的人都曾获得过必要的提示，从中习得了吸食大麻时的哪些感受意味着快感。

贝克尔认为，使用者是否会继续吸食大麻，取决于他们的感官是否学会了将大麻的效果识别为"愉悦"的能力。对大麻的好恶与对干马提尼酒或牡蛎的好恶差不多，都是通过社会习得的。使用者的感官也有一半的概率将大麻的效果识别为"难受至极"。正如贝克尔所言："使用者经常感觉头晕或口渴；他〔原文如此〕会头皮刺痛；会误判时间和距离。这些难道〔天生就〕令人愉悦吗？"（1963：53）

大麻使用者的"职业生涯"与烟草使用者的"职业生涯"有许多相似之处。香烟吸食者也会经历类似的过程：首先，要付出巨大努力习得吸烟的技巧[1]。新手必须习得避免咳嗽的吸烟方法，新手经常会感觉头晕、恶心，新手必须习得在社会看来"正确"的夹香烟方式[2]与吐烟雾方式，等等。其次，与大麻的"效果"一样，香烟

---

[1] 考虑到在这里举例的目的，我将只关注香烟；若烟草的使用媒介不同，使用的行为模式也会不同。

[2] 夹住香烟的方法有很多。比如，俄罗斯人习惯用拇指和食指夹住香烟，西方人则更常使用食指和中指。

的"效果"也可以有各种不同的解读［后文很快会探讨到围绕尼古丁"双相[1]"（biphasic）作用的争论］。以现在的西方吸烟者为例，许多人认为香烟的效果是提神，另一些人认为香烟的效果是镇静。

此外，当代社会对吸烟的理解也是吸烟新手的学习素材。通常，新手会学会将烟草用作一种心理工具。这些理解也可能让他们联想到不受世俗陈规束缚的女学者，半饥半饱、烟不离口的她虽然过着混乱不堪的生活，但仍然能创作出美丽的作品；让他们学会将烟草用作奖赏，用烟草打断无聊的对话，用烟草来集中注意力，抑或是用烟草来表达痛苦；以及让他们联想到被孩子包围的单亲母亲，她每天都会在孩子们的大呼小叫中努力挤出吸烟放松的时间：用香烟来让自己冷静，奖励自己的耐心，帮助自己控制情绪。

其实主流烟草使用观念提供的吸烟形象和吸烟联想不止于此，吸烟者对它们的选择是有可能变化的。重要的是，我们要认识到，吸烟者在自身依赖或瘾的形成与维持过程中扮演着至关重要的角色，他们不仅仅会接收到来自生理层面的吸烟信号。本书第 4 章将利用贝克尔

---

[1] 尼古丁在某种情况下会被称为镇静剂，但在另一些情况下会被称为兴奋剂，临床上将这种明显矛盾的作用称为双相作用。

的模型来探讨"成为吸烟者"的过程。贝克尔重点关注的是群体观念对大麻使用体验的影响，我将更进一步，探究更广泛社会进程对烟草使用体验的影响。前文刚刚提到，烟草常被用作心理工具、减压手段以及摆脱无聊的方式，我将证明，烟草的这些使用形式正是当代吸烟者的最典型特征；它们与欧洲早期烟草使用者的使用形式形成了非常鲜明的对比，与传统美洲原住民的烟草使用形式就更不一样了。接着，我将利用这些结论证明，烟草使用的本质并不是一组与尼古丁依赖相关的一般性过程，这种理解方式太简单、太静态了。

　　本书的目的并不是挑战临床医学提出的烟草使用模型，比如，强调尼古丁是重要药物的模型，而是要探索如何进一步发展这些模型。举个例子，我们或许会将人类的意识本身定义为一种特殊形式的电化学活动。但这种定义方式对我们了解意识、了解这个术语的具体含义帮助甚微。若从这个定义出发去研究意识，虽不至于一无所获，收获也会十分有限。这些研究势必会探究这一电化学活动的本质——它的基本特征及涉及的动力学。同理，若将烟草使用的体验简化为一系列生理过程，那对这一行为的描述只会是片面且受限的。这里的问题并不是临床医学在解释烟草的使用时忽视了该行为的社会心理维度；而是临床医学未能将这些维度妥当地融入自己的解释模型之中。本书重点参考的另一文献是希瑟·阿什顿（Heather Ashton）和罗布·斯特普尼（Rob Stepney）所著的《吸烟的心理学和药理学》（*Smoking Psychology and Pharmacology* 1982），而它恰恰就存在这一问题。

阿什顿和斯特普尼首先对历史进行了简要分析，他们指出，此举是为了将当代的吸烟模式置于历史的背景下去研究。他们主要关注的是烟草的药理特性，以及被认为是由烟草"诱发"的生理反应，其次才是吸烟对心理的影响（比如，吸烟行为与性格之间的关系），至于吸烟对社会的影响，关注的就更少了。他们概述了有关吸烟观念的各种争论，提供了很有用的信息；他们还比较详细地研究了当前对吸烟活动的各种解释。

阿什顿和斯特普尼提出的烟草使用模型与前文援引的古德曼的观点惊人地相似：

> 我们的论点是，只有将香烟的使用视为尼古丁的一种自我给药方式，才能最好地理解这一行为。若以这一角度来看待香烟的使用，不但能解释烟草的独特作用和吸入烟草烟雾的流行，还能解释吸烟者为什么会习惯性地摄入足以对自己大脑和自身行为产生重大影响的尼古丁剂量。（Ashton and Stepney 1982: ix）

从上述引文中可以看出，阿什顿和斯特普尼的分析或多或少地将烟草与尼古丁等同了起来。这一出发点影响了他们的后续分析：烟草使用的本质被抽象地简化成了尼古丁对"身体"[1]的作用。但我们不应先入为主地认为烟草本身对"身体"的影响是"给定的"；从后文可知，历史上不同种类烟草中所含的精神活性生物碱范围及含量差异巨大。比如，美洲原住民在与欧洲人接触之前常用的烟草品种，以及当代西方人广泛使用的烟草品种，它们在精神活性生物碱方面存在显著差异。再比如，当代普通香烟的尼古丁含量远低于过去所用的烟草类型/烟草使用形式。本书的核心主题之一就是，证明烟草类型及流行烟草使用形式的转变不单单与人们对健康的担忧有关，也与社会的一系列长期发展过程有关。此外，虽然尼古丁自我给药是烟草使用的一个关键要素，但我们仍然需要研究不断变化的社会"给药"模式（在社会看来恰当的尼古丁摄入量、摄入频率等），这会深远影响我们对"人们为何吸烟"的理解。

此外，这一尼古丁自我给药模型还存在一个主要问

---

[1] 我之所以给这个词加上双引号，是希望将它区别于普遍、通用意义上的人类身体。

题，它将烟草使用的社会心理维度置于次要地位，仿佛这些维度并非该行为所必不可少的。这种倾向会带来种种局限，这些局限在阿什顿和斯特普尼有关尼古丁双相特性的探讨中最为明显。为便于理解，请容我详细解释一下：你若让当代香烟吸食者描述吸烟的效果，他们或许难以说清。他们可能会用到各种描述感受的词，比如，放松、兴奋、注意力增强。临床研究者如果相信吸烟的效果主要来源于尼古丁这一种药理成分，那么问题来了：他们该如何解释尼古丁所产生的这一系列看似矛盾的效果？双相一词的字面含义是，两个方向的作用：有时是镇静剂，有时是兴奋剂。阿什顿和斯特普尼认为，尼古丁产生的总效果取决于摄入量：

> 尼古丁与乙酰胆碱[1]受体一结合，首先会激发类似乙酰胆碱的反应，随后，该尼古丁／受体组合会进入稳定状态，阻断身体对乙酰胆碱（或更多尼古丁）的进一步反应。激发与阻断的程度取决于尼古丁摄入量与可用乙酰胆碱受体数量的比例：一般

---

[1] 乙酰胆碱（ACh）是一种神经递质，负责在神经细胞之间传递信息。尼古丁的分子结构与乙酰胆碱类似，因此作用方式也与神经递质类似。（Ashton and Stepney 1982: 36）

来说，小剂量尼古丁在神经元突触[1]上发挥的作用以刺激为主，大剂量尼古丁则是以抑制为主，若是致命剂量，则会完全阻断神经传导。……一支香烟发挥的作用可能是以抑制为主，也可能是以刺激为主，还有可能两种效果都有，具体取决于吸入烟雾的多少、吸入的深度以及吸烟者受体的敏感性等因素。少量摄入尼古丁就能轻松、快速地获得可逆可恢复的双相效果，这是……尼古丁区别于其他大多数药物的一个显著特征。（Ashton and Stepney 1982：38—39）

为了便于理解，我再解释一下：乙酰胆碱是人类"身体"中的主要神经递质之一，而尼古丁有着与它相似的分子结构。尼古丁在到达神经细胞之间的突触间隙时，会（像乙酰胆碱那样）与下一个神经细胞的乙酰胆碱受

---

[1] 突触位于两个神经元的神经末梢之间，由突触前、后膜及其中间一个非常微小的间隙构成。神经兴奋后，会首先产生电脉冲，该电脉冲会将信息传送到神经末梢。当电脉冲抵达"突触间隙"后，神经递质（通常是乙酰胆碱）会引发与下一个神经细胞中乙酰胆碱受体之间的化学反应，从而成为该电脉冲跨越突触间隙的桥梁。神经递质充当的是两个神经元之间的信使，帮助实现信息在神经中的传递。（Ashton and Stepney 1982: 36）

体结合，成为连接突触前、后膜的桥梁，这个反应过程一开始发挥的是刺激作用。尼古丁与乙酰胆碱受体结合的能力会随着尼古丁浓度的增加而增强，拉开与乙酰胆碱之间的能力差距。当结合量达到某一峰值时，尼古丁就会部分阻断神经对更多乙酰胆碱或尼古丁的完全反应，从而产生抑制作用。尼古丁的效果会随着它的摄入与代谢出现增加和衰退，具体取决于每次吸入的尼古丁量和吸入的频率。

我并不是想要质疑阿什顿和斯特普尼对尼古丁如何作用于中枢神经系统的描述，但他们的这一分析完全忽视了社会心理维度，不够充分（前文援引这一分析只是因为它在临床的烟草使用模型中具有代表性）。他们的描述将吸烟者物化了，仿佛吸烟的感受与体验过程始于生理层面也终于生理层面，与其他一切无关。这类模型忽视了吸烟者在自身吸烟体验塑造过程中的主动性和重要作用。虽然阿什顿和斯特普尼对影响烟草使用的社会和心理因素有所研究，且比许多同行都研究得更广，但他们忽视了这些因素与生物药理因素之间动态的相互作用。事实上，社会心理因素被粗暴地简化为生理过程的情况相当常见。此外，阿什顿和斯特普尼并没有以发展的眼光去研究这些因素：他们认为自己提到的这些过程具有通用性，普遍适用于烟草使用的全部历史。从后文可知，本书想要论证的另一核心主题就是，他们有关尼古丁生理作用的结论是西方烟草使用发展历程中的一个阶段性特征，该阶段距今相对较近。他们的烟草使用模型假定，烟草的使用遵循的是少量多次的尼古丁给药模式。而我想要证明，这种模式的出现离不开一个循序渐进的转变过程，而这一转变与烟草使用目的的长期转变有关。同时，我还将探究这一发现会如何影响我们对吸烟行为的理解。

接下来，为说明我将如何利用阿什顿和斯特普尼的研究成果，以及举例说明我所说的生物药理因素与社会心理因素之间的相互作用（目前是有点静态的），我将简要探讨一下他们提出的吸烟依赖模型之一——他们称之为成瘾模型。该模型认为，尼古丁的代谢速度非常快，将一支普通香烟中的尼古丁完全代谢掉只需30分钟左右（这就解释了为什么大多数吸烟者一天要吸大约20支香烟）。通常，在一支香烟中的尼古丁被全部代谢掉后，吸烟者会出现戒断症状，比如，紧张、不安、空虚和全身不适。这些症状往往会成为提醒他们吸下一支烟的信号。

不过，戒断综合征不只是一个生理"触发器"；它一定要能被吸烟者察觉到，并关联到自己的戒瘾行为。因此，这些生理信号与吸烟者对自己此刻应该要吸烟的认知密不可分，至于吸烟的理由是需要心理工具、奖赏，还是其他，并不重要。这种情况可能并不像乍看起来那样毫无问题。比如，吸烟者有可能将饥饿感或情绪唤醒误认为是自己需要吸烟的信号。此外，正如后文将提到的，当吸烟者意识到自己离开了香烟或身处禁烟区时，这些信号通常会加强。有意识地察觉到这些信号是该戒瘾过程中的关键组成部分。一个简单的观察结果就能支持这一论点。几乎没有哪个吸烟者会在自己睡着后，为了吸烟而每 30 分钟醒来一次。又比如，对于已经戒烟10 年或更久的前吸烟者来说，虽然身体中早已不存在任何残余的尼古丁，但他们有时仍会在饭后或在婚礼等社交场合产生戒断症状。

该成瘾模型认为，摄入尼古丁能够缓解戒瘾产生的紧张、不安等负面情绪，即能缓解戒断症状。但什么样的感受可以被称为缓解并没有一个明确的定义，它可以有很多种不同的解释，比如，作为兴奋剂来"提神"或作为镇静剂来"使人冷静"。这种双相性可能与香烟的功能有关，香烟的功能又与流行的烟草使用观念有关。从第 4 章可知，现在的西方吸烟者会使用各种策略来操控烟草使用的效果。比如，在有精神压力时，吸烟者可能会吸更多口烟，并将烟雾吸得更深入，从而通过增加摄入量来影响烟草使用的效果。吸烟者也有可能故意延长吸烟的时间间隔，让下一支香烟的缓解效果更强烈。我想提出的论点是，在烟草使用体验的产生与再现过程中，吸烟者及其所在群体扮演着非常重要的角色[1]。人的身体并不只是一个可供尼古丁作用的生物表面：有更广泛的社会心理过程在诠释、塑造和调节烟草使用的效果。简言之，如果只从尼古丁的药理作用层面来解释烟草使用的体验，那我们对"人们为何吸烟"的理解就会存在诸多缺失。

因此，本书的起点与众不同，可以从概念上概括如下：

- 从只关注尼古丁和尼古丁给药，转变为更广泛地研究烟草、烟草使用以及这二者是如何随时间推移发生改变的；

- 从只强调生物药理过程，转变为研究生物药理过程与社会心理过程之间动态的相互作用；

- 从重点关注烟草使用的效果，转变为关注烟草使用的体验，并分析不断变化的烟草使用观念是以何种方式在影响这些体验，以及影响到了何种程度；

- 不再使用试图为"人们为何吸烟"找到普适性答

---

[1] 不过，该论点并不会让我得出这样一种结论：吸烟者吸烟完全是出于自由选择。吸烟者确实在自身烟瘾的形成与维持过程中发挥了主动性，但这丝毫不会削弱烟瘾令人难耐的程度。

案的静态模型，转而使用动态的烟草使用模型，这些模型会如我在引言开篇所说的那样，用不同的方式重新阐述这一问题。

本书梗概与主要论点概要

本书分为 4 章。第 1 章《美洲原住民的烟草使用》的写作有一个前提，如果认为烟草使用在西方的发展有一个明确的起点，仿佛这个开端就是 16 世纪烟草种子与叶子传入欧洲之时，那会令人误入歧途。因此，这一章研究的是美洲原住民在与欧洲殖民者接触前后的烟草使用。我旨在证明，要想理解烟草使用在西方的发展，必须要先理解美洲原住民的烟草使用，后者对前者至关重要。为此，本章将追踪对全书论点至关重要的许多过程。我将论证美洲原住民所用烟草的强度远大于当今西方广泛使用的品种。我想要说明，美洲原住民的烟草选择与他们对烟草的理解有着本质关联，而在他们的理解中，烟草这种植物是神圣的，是与灵魂世界交流所必需的核心物质，也是男性力量的重要象征。本章将描述美洲原住民与当代西方香烟吸食者在烟草使用方式上的根本区别。前者的使用方式经常会导致失控、急性中毒，甚至令人因陷入幻觉而精神恍惚。我将探究他们如何体验烟草的使用，他们如何成为烟草使用者，他们对烟草使用的理解如何影响他们的体验，以及烟草使用的相关仪式如何塑造他们的体验。最后，我将研究美洲原住民在与欧洲人接触后，他们的烟草使用行为、理解和体验发生了何种变化。我想要找出这些变化的总体方向，证明这其实是西方烟草使用长期发展过程中的一个特征。

第 2 章《烟草使用和体液学说》将进一步探究烟草使用长期发展的变化方向。本章关注的时间段始于 16 世纪烟草传入欧洲，终于 20 世纪初香烟出现，我将追踪烟草使用在此期间的发展情况。我将首先探究，为什么美洲原住民与西方有着截然不同的社会文化环境，但美洲原住民的烟草依旧能够成功传入西方。接着是本章的一个核心主题，体液学说曾经十分流行，我将探究在这一理论框架下的健康概念和"身体"概念如何影响烟草的理解、使用和体验。我将追踪烟草使用的许多具有普遍性的转变：从最初以发挥治疗作用为主，到"**礼俗式吸烟社会**"（smoking *Gemeinschaft*）的共用烟斗，再到鼻烟和雪茄的使用，最后是早期香烟的使用。我将从最简单的层面去论证这一时期烟草使用发展的一大特点是监管水平不断提高。为了解释监管为何不断加强，为了解释其他许多过程，我将探究它们与更广泛的社会"文明化"进程之间的关系，这里的"文明化"来自埃利亚斯

（2000）的定义。

为此，我将探究烟草使用从追求失控到追求控制、差异化和个性化的进一步转变；研究烟草作为自我控制工具的崛起，以及与之相关的烟草类型、使用形式和使用功能的变化。我将论证，虽然早期欧洲社会广泛使用的烟草远比传统美洲原住民所用的温和，但其强度仍旧是现今烟草品种所无法比拟的。我将通过**醒着的酒鬼**（*dry drunk*）、**饮烟者**（*tobacco drinker*）等词证明烟草一开始是被比作酒精的。我将论证这种类比的出现并不仅仅因为当时没有其他具有可比性的行为模型，还是因为当时所用烟草的致醉性更接近酒精，而这是当代烟草所不具有的特点。此外，本章还将论述，烟草品种和形式的不断温和化，及其所能产生的精神活性生物碱的减少，都是长期存在于西方烟草使用发展中的特征，它们与香烟崛起的关联尤其紧密。我认为，烟草类型及其使用形式的这些改变与烟草的功能密切相关。也就是说，烟草效力的整体下降增加了烟草使用体验的多样性、模糊性和可塑性：为使用者增加功能的个性化开辟了更大的空间。长期看来，烟草的功能经历了从帮助使用者脱离常态到帮助使用者恢复正常的转变，这是烟草使用发展的又一大特征。使用者会根据自己的具体需求，利用烟草来抵抗或强化自己的感受、情绪、情绪唤醒、情绪唤醒不足之类，帮助自己恢复正常。

第3章《烟草使用与临床意义上的身体》将探究西方在20世纪的烟草使用。第2章关注的是当时流行的体液学说，探究的是体液学说框架下的身体概念如何深远影响人们对烟草使用的理解和体验，以及人们使用烟草的方式。与之类似，第3章关注的是20世纪流行的临床观念，分析的是临床身体概念的重要意义。本章还将研究烟草使用的种种变化与非正式化过程、大众消费化过程及医学化过程有何关联，并在这一背景下探讨围绕女性和年轻人吸烟的争论，以及围绕"被动"吸烟理论的争论。最后，本章将在西方烟草使用长期发展的大背景下，批判性地分析对"人们为何吸烟"这一问题的主流回答。

因此，本章也将追踪许多过程和变化，它们最终巩固了当今西方对烟草使用的主流理解，以及与这些理解相关的烟草使用形式及特色。我还将特别探究烟草使用观念中关注重点的转变：从19世纪末、20世纪初对烟草短期、即时、可见影响的关注，到对烟草长期、隐性影响的关注。我将论证这一转变与"临床凝视"崛起所引发的更广泛转变有关。在这方面，我将探讨米歇尔·福柯（Michel Foucault）的著作，书中描述了临床医学的兴起，以及临床医学独特的"看与说"的方式。

我认为，临床医学话语有助于烟草的"话语还原"：

把这种商品拆分成不同的组成部分（最重要的就是尼古丁），以及对烟草使用行为本身进行拆分。换言之，这种话语会促使人们寻找可解释"人们为何吸烟"的通用的生物药理过程。我将论证，烟草使用的日益医学化（上述话语还原就是它的一部分）与相对近期出现的围绕吸烟与个人自由的争论有关；我认为，这一医学化趋势在"被动"吸烟问题上体现得最为明显。我将探讨一个具有反叛精神的反对群体的出现，这个群体的典型特征是带有虚无主义者的愤世嫉俗以及强烈抵制反烟草运动。这类人之所以吸烟，恰恰是因为他人认为使用烟草有风险，这一点在年轻人身上尤为显著。此外，我还将继续探讨第 1 章和第 2 章提到过的一些过程与主题。具体来说，我将探究烟草使用个性化范畴的进一步扩大，随着个性化范畴的扩大，人们也越来越多地将烟草用作自我表达的工具。我还将指出，烟草使用在身份构建方面发挥的作用越来越重要；这种现象的出现与烟草的大众消费化脱不开干系，尤其是随之兴起的包装"品牌化"以及各种"非正式化"[1]过程（Wouters 1976、1977、1986、1987），而这些又与文明化的诸多进程有关。

---

[1] 后文会解释这一术语。简而言之，非正式化指的是礼仪规范的变化、社会的日渐宽容，以及自我控制的性质转变。

在第 4 章《成为吸烟者》中，我对烟草使用发展的关注重点将会转移到"微观"的个人层面。本章将通过探讨前文提到的贝克尔的著作，描述成为烟草使用者的过程。当代西方吸烟者的"职业"吸烟"生涯"可分为多个不同阶段，我将探究他们在这些阶段中的种种体验：比如，我将对比正处于吸烟初期的青春期男孩与将自己视为无助成瘾者的成年女性，探讨二者在吸烟的意义、效用和体验上的根本差异。本章将重点关注社会身份、情绪、人生转变与吸烟之间的关系。我的主要论点，也是最有意思的一点发现是，烟草使用在个人层面的总体发展方向与其在社会层面的长期发展方向是一致的。

比如，我发现烟草的"失控"体验基本只出现在烟草使用者"职业生涯"的早期"阶段"，随着烟龄的增加，他们会越来越看重烟草作为自控工具的作用。与这一转变相一致的发现是，在烟草使用者"职业生涯"的早期"阶段"，烟草的使用主要是展示给别人看的一种标志，但随着他们"职业生涯"的推进，烟草使用的主要作用渐渐变成了展示给自己看以及代表自己的一种标志。如今，主流观念将烟草的使用视为临床意义上的瘾，并最终将其视为一种大流行病，我将探究这些观念如何影响吸烟与戒烟的体验。

《结论》部分，我试图将贯穿全文的主要论点联系起来。我的核心目标是，探究为什么烟草使用在个人层面的发展轨迹（第4章内容）会与其在社会层面的长期发展轨迹相似。为此，我将探究众多可能的解释。部分答案可能藏在埃利亚斯的论点之中，埃利亚斯认为文明化进程不仅存在于个人短暂的人生中，也存在于整个社会的更长远发展之中。另一种可能的解释是，我所研究对象（第4章内容）的"职业"吸烟"生涯"正好处于一个反烟力度加强的时期。最后，我将用个人的尼古丁习惯化过程对比烟草类型及其使用形式的温和化过程。我认为，这些可能性都是相互支持的，我们应该把它们综合起来，共同解释研究发现的个人层面与社会层面之间的关联。接着，我将关注围绕吸烟这一社会问题产生的种种争论，探究本书论点可能对它们产生的影响。比如，本书可能影响到：旨在降低所有社会群体或特定社会群体吸烟水平的政策性干预措施，以及戒烟方法；关于吸烟是自由意志下的行为，还是无可奈何之人对瘾的屈服的争论；公共场所的禁烟令。最后的总结将提供一些新的研究方向，特别是对发展性、跨学科研究方法的运用。

第1章　美洲原住民的烟草使用

欧洲的烟草使用史与其他许多长期社会进程不同的是，它似乎有一个非常明确的起点：西方传统观念认为，这段历史起源于 15 世纪末新大陆的发现。但若以此为本次研究的起点，可能会产生误导。先了解美洲原住民 [1] 的烟草使用史对我们了解当代西方社会的吸烟行为有莫大帮助。

本章，我将重点探讨美洲原住民的烟草使用在与欧洲人首次接触前后的发展变化。通过对他们烟草使用方式和体验的过程性研究，或可追溯西方烟草使用从始至今的总体变化**方向**从何而来。我将重点研究的变化如下：逐渐放弃将烟草用作令自己失控的手段；逐渐放弃使用

---

[1] 本书中的"美洲原住民"（Native American）指的是美洲土著人口。我很难明确界定该词的范围，毕竟美洲原住民并非由单一同类人口构成。但在为撰写第 1 章挑选人类学资料时，我尽可能聚焦在据我所知最有美洲原住民传统行为特征的群体上。

效力太强的烟草品种；烟草的使用不再高度仪式化；女性吸烟日益普遍；逐渐放弃低频率但高剂量的烟草使用形式；以及烟草使用的日益娱乐化。

有关美洲原住民烟草使用的人种志资料很多，这些资料的主要问题之一在于，它们是以西方人的视角收集的。条件允许时，我重点关注的研究资料都包含对美洲原住民烟草使用自述的直接翻译。至于我所用的其他叙述，我也试图凸显其中所含西方评价的比重与特征。但我绝不敢说自己在解读美洲原住民的烟草使用时完全摆脱了文化相对主义，我也确实没有做到。

我会先概述一下这些变化的过程，主要围绕三个重点关注的问题：第一，美洲原住民是如何理解、使用和体验烟草的？第二，在诸多精神活性植物中，烟草的使用为何最广泛？第三，在美洲沦为欧洲国家的殖民地后，原住民的烟草使用有何变化？这些问题本身存在很多重叠的部分，但为了便于应用，我人为地将它们区分了开来。

美洲原住民的烟草信仰

在美洲原住民的许多信仰体系（belief system）中，

烟草这种精神活性植物都曾占据核心位置[1]。曾经，原住民社会的麻醉性植物使用量是旧大陆（the Old World）[2]的 7～8 倍，而且许多麻醉性植物的使用几乎是从美洲初代定居者传下来且延续至今的（Goodman 1993：20）。美洲原住民对社会现实的理解有一个特征：相信致幻植物能够将自然与超自然的世界连接起来。这些植物是神圣的；在原住民心中，它们是灵体的居所，有助于改变意识状态，促进人的意识与灵魂世界的交流（22）。

原住民认为烟草不仅具有超自然的力量，也有超自然的起源。出人意料的是，大量有关烟草（植物）起源的美洲原住民传说都体现着这一认知（Goodman 1993：26）。这类传说中的典型观念是，上天赋予人类的烟草是可以拿来与灵体做交换的资源。当时的原住民认为，灵体对烟草的欲望是无穷的，这不仅源自烟草的气味与口味；更根本的是，烟草是这些灵体维持生存所必需的养

---

[1] 我将本章归类为"人种志的过去"。使用"过去式"（英语中的时态，体现事情发生的时间，比如，译文中的"曾"——译者注）是为了传达一种观念——这里探讨的实践都是动态发展的，用以增进对全书所探讨的长期演变过程的理解。

[2] "旧大陆"一般指发现新大陆前已知的大陆——欧洲、亚洲和非洲。参考：https://www.worldatlas.com/articles/what-does-old-world-and-new-world-refer-to.html——译者注

料（Wilbert 1987：173）。他们认为，灵体因为无法自行种植烟草，所以要依赖人类的供养（Goodman 1993：26；Wilbert 1987：177）。由此推出，人类与灵体相互依赖，这种依赖的纽带就是烟草的使用。

在美洲原住民中，烟草使用者对烟草的"饥渴"被理解为灵体的饥饿与渴望（Wilbert 1987：177）。烟草被用来解除灵体的饥饿，从而换取恩惠与好运。实现这一目的的方式并不局限于吸食、咀嚼等对烟草的直接摄入，也包括敬献烟草祭品和祈祷。以下内容摘自 17 世纪休伦人（Huron）的人种志，代表了美洲原住民对烟草精神作用的传统理解：

> 休伦人相信大地、河流、湖泊、天空和某些岩石之中都居住着有生命的灵体，这些灵体掌控着旅行、贸易、战争、宴会、疾病及其他事务。为了安抚这些灵体，得到他们的青睐，休伦人会把烟草扔进火里并祈祷。比如，若祈求健康，他们会说，"*taenguiaens*"（治愈我）。……烟草常用于宗教仪式，人们会一边将它们献给灵魂，一边念出相应的祷词。除了用于这些场合外……人们还会将烟草扔进大湖，以安抚它和湖中的灵体（*Iannoa*），这个灵体来自一个因绝望而投湖的人，他投湖之时曾引发……风暴。

人们可能会在睡觉前往火里扔一些烟草，祈求灵体保护他们的房子。休伦人在前往魁北克做生意时，会在途经某些岩石时，向其献上一些烟草。其中一种岩石被称为"*hihihouray*"（意为"猫头鹰筑巢的岩石"）……他们会停下来，一边往石缝中塞烟草，一边祈祷："住在这里的灵体啊，我向您献上一些烟草；请帮助我们，保护我们免遭海难，保护我们免遭敌人伤害，让我们能在顺利交易后安全返回村庄（*oki ca ichikhon condayee aenwaen ondayee d'aonstaancwas*, etc.）。"（Tooker 1964：80—82）

因为烟草具有这样的象征价值和重要意义，在某些美洲原住民部落中，专门从事烟草种植与培育的人拥有很高的威望，备受尊重。克罗部落（Crow Nation）就是一个典型例子。尽管克罗部落是"流浪民族"，但他们很早就开始了烟草的培育（Denig 1953：59）。他们小心保存着同一个烟草品种，每收成一次，都会留下种子，用于下一次种植，他们认为这是祖先希望他们做的。在克罗人心中，如果他们特有烟草品种的种子、叶和花没了，他们的部落就会"从地球上消失"（同上）。据说，能够延续这种烟草种植传统的人被赋予了许多超自然的力量：可以"带来雨水、避免瘟疫、控制风、战胜疾病、让水牛接近他们的扎营地并增加各种猎物的数量……也就是有能力完成一切普通人类力所不能及之事"（同上）。只有少数人能够参与这一传统的传承，他们也热衷于维持自己高人一等的权力与地位，以及该地位带来的大量资源。要获得加入他们这一精英阶层的权利，需要经历重重考验：

> 有时，有的烟草种植者（Tobacco Planter）会为了获得财物，将自己的权利或权力卖给一些想要往上爬的人。候选人为了获得这种伟大的草药，为了获得成为烟草种植者的荣誉，需要交出自己在俗世的一切——所有的马、衣服、武器，甚至自己的小屋和家用器具。候选人需要经历盛大的仪式才会被接纳为种植者。他胸膛周围和手臂上的一些肉会被割下，扔进又大又深的垄沟，该仪式留下的可怖伤口久久难以痊愈，十分危险。他还需要数日不吃不喝。成功挺过这些艰难考验，他才有资格用自己的一切财产换得一些烟草种子。这种仪式一直延续着，不曾遭到任何阻碍或干涉。不仅如此，似乎随着它的历史越发悠久，加上成为仪式执行者的难度很大，参与仪式反而变得越发光荣了。（59—60）

当旧大陆的探险家来到美洲，首次从原住民那里接触到烟草时，他们对影响和掌控烟草使用的复杂信仰体系知之甚少（Goodman 1993：37）。对于美洲原住民向灵体敬献烟草的行为，最早抵达美洲的以及在随后几个世纪中定居美洲的欧洲旅行者并不理解，甚至可能觉得滑稽。正如黑格勒（Higler）所言：

> 一位提供资料的老者米尔·拉克斯（Mille Lacs）指出："有些白人淹死在了这片湖里，而这不是没有原因的。有些东西对原住民来说非常神圣，那些拿这些东西取笑的白人就该料到自己会遭受惩罚。白人嘲笑原住民往湖里投放烟草。其实，我们只会在要下湖游泳和到湖对岸去时才会这样做。很久以前，我们乘坐'安妮女王号'（Queen Anne）汽船横渡这片湖泊，船上载了许多原住民。我们从沃坎（Waukon）来，要去波因特（Point）。湖面起了很高的浪，我们都以为自己难逃一劫。这时，我的曾祖父往水里扔了三四袋烟草，浪涛很快就将我们送回了沃坎。所有人都得救了。"（Higler 1951：62）

由此可见，烟草对美洲原住民意义重大，在他们的宗教和医疗行为中扮演着必不可少的角色。他们对这种植物的理解决定了他们的烟草使用方式，这些方式与当代西方吸烟者和早期欧洲烟草使用者的方式有显著不同。欧洲人在与美洲原住民接触时，确实对这种植物在他们宇宙观中的神圣地位知之甚少。

美洲原住民的烟草使用

迄今为止，美洲共发现了 64 种烟草属植物（Wilbert 1987：1），其中两种的使用广泛度远超其他品种：黄花烟草（*Nicotiana rustica*）在墨西哥以北的美洲原住民中盛行；红花烟草（*Nicotiana tabacum*）在墨西哥内部和墨西哥以南盛行（Goodman 1993：25）。这些烟草（尤其是黄花烟草一类）的尼古丁含量远远高于如今的商用烟草品种；有大量证据证明，它们完全具备致幻能力（Heberman 1984；Adams 1990；Wilbert 1987：134—136；von Gernet 1992：20—21；Goodman 1993：25）。除尼古丁以外，美洲原住民使用的烟草品种中很可能还含有其他具有精神活性作用的生物碱。这些物质可能只贡献了部分的致幻属性（尤其是与高含量的尼古丁同时存在时），也可能是主要的致幻剂（Goodman 1993：25）。

早在与第一批欧洲人接触之前，美洲原住民就已经形成了各种各样的烟草使用习惯：制成干粉吸食；直接咀嚼；饮用烟草植株的汁液；在牙龈和牙齿上摩擦并舔食糖浆状的烟草提取物；将烟叶或烟叶提取物用作局部吸收的止痛药，涂在割伤、咬伤、叮咬伤和其他伤口上；将烟叶或烟叶提取物涂在眼睛表面，让眼睛吸收；塞入肛门，用作灌肠剂（Wilbert 1987：19—144）。不过，到目前为止，最流行的烟草使用方式是吸入（64）。原因有以下几点：首先，吸入是摄取尼古丁的最有效方式（Goodman 1993：33）。如果我们认同（至少此刻认同）尼古丁是烟草发挥药理作用和产生烟草使用体验的首要因素，那么，吸入自然会成为烟草使用的主流模式[1]。其次，烟草产生的烟雾有很重要的象征意义：升腾的烟雾被认为是向灵体祈求的象征（同上；Morgan 1901：155）。与火和热的象征性关联可能也具有重大意义。北美原住民一般是用烟斗吸烟（Goodman 1993：34），南美原住民更喜欢使用雪茄以及早期形式的香烟，他们会用玉米外壳将干燥后的烟叶裹成烟卷（Koskowski

---

[1] 但只是这一点还不足以解释"吸入"成为主流烟草使用模式的原因。这一理由确实无法解释烟草使用在长期发展过程中出现过的各种变化，比如，湿鼻烟曾在18世纪的欧洲广为流行，咀嚼也曾一度成为美国最受欢迎的烟草使用方式。

1955：26，57）[1]。

美洲原住民的烟草使用体验

正如我在引言中所言，如果只是研究人体对药理刺激的反应，我们就无法完全理解烟草使用的体验。烟草使用者的体验是由符合社会性指标的使用行为带来的，受大量过程影响，这些过程会与该植物所含精神活性物质的药理作用相结合并相互影响。关于烟草使用体验，直接来自美洲原住民的叙述相对较少；如前所述，几乎只有欧洲人对原住民烟草使用行为的看法可供我们研究。不过，还是有一些数量有限的原始资料，给了我们了解

---

[1] 另一种略被低估的吸烟方式是"吹烟"。威尔伯特（1987：76—77）引用了韦弗（Wafer 1934）对该方式的描述：他们聚众吸烟的方式是：将烟草卷起来，由一个拿着燃烧煤块的小男孩将烟卷的一端点燃。这个小男孩会将靠近点燃处的烟草打湿，防止烟卷燃烧过快，然后将点燃后的那一端放入口中吹气，让气流流经整根烟卷，将烟草燃烧的烟雾吹到每一个人的脸上。这种活动一般会有二三百人参与，他们坐着，摆出例行姿势，双手如漏斗状合拢，将口、鼻围在中间。他们会通过这个"漏斗"接收吹到他们脸上的烟雾，然后大力、贪婪地将烟雾吸入，并屏住呼吸，尽可能长地将烟雾留在体内，似乎是在汲取烟草所能带来的精气与活力。

美洲原住民烟草使用体验的机会。

下面这段译文是对20世纪加利福尼亚州卡鲁克人（Karuk）传统烟草使用方式的描述：

有时，他会直接用手指取出燃烧的煤块，他们的手指就是这么粗糙！他不用棍子。他会先把烟斗放低，再往里面放煤块，这样更便于操作。他觉得自己很聪明……他大多数时候都是用手指直接取煤块，因此烧伤了手指，于是又改为将煤块放入掌心。他知道如何操作。他会将燃烧的煤块放在掌中摇晃一会儿，摇晃的火焰不会烧伤他。接着，他会将放有烟草的烟斗置于下方，然后倾斜手掌，让煤块落入烟斗中，再用力将煤块摁进去。接着就是放入嘴里开始咂。烟斗塞在嘴里，咂上好几口。大概是三口，让烟草的烟雾充满自己的口腔，再缓缓取出烟斗。接着，他会将烟雾吸入肺中。在设法将烟雾吸入肺中时，他会发出一种有趣的声音，然后迅速闭上嘴。他会先让烟雾在口腔中停留片刻。握着烟斗的他会有片刻一动不动，这是在试图让烟雾进入肺里。他颤抖着，紧闭双唇，感觉就要晕厥过去。他对烟草烟雾的渴求似乎没有止境，仿佛在诉说："我想吸入更多烟草燃烧的烟雾。"这就是他体验烟草的方式。接着，他仍旧双唇紧闭，烟雾会通过他的鼻子排出。在通过鼻子呼出这些烟雾后，他的嘴才会张开。他闭着双眼，看上去昏昏欲睡。当他再次将烟斗塞入嘴里时，他拿烟斗的手都在微微颤抖。他就像前一次一样，再次咂起烟斗，咂上好几口（可能是四口）才将烟斗取出。然后他会看一眼烟斗，确认自己已经将烟草吸食完了，［烟斗］里一点儿不剩了。吸烟过程中，他知道烟斗中何时只剩灰烬。他会再将烟斗填满，满满一烟斗就够了。吸烟时，他会隔一会儿休息一下，休息完又继续吸。烟斗不会在他的嘴里停留太长时间，但整个吸烟过程会持续很长时间。

吸完烟后，他吸气都会带有一种仿佛吐痰的声音，这种情况会持续很长时间。有时，他会躺下，吸气时仍带有吐痰声。［听上去，］他似乎仍在品尝嘴里的烟味。将烟雾吸入肺部后，他感觉通体舒畅。有时，他还会翻起白眼，有时会向后倒去。他会迅速将烟斗放到地上，然后摔倒在地。这会招来其他人的嘲笑，所有人都会嘲笑他。看到有人因吸烟晕厥时，根本无人在意。过去的吸烟者都对此习以为常，他们对烟草喜爱至深，喜欢烈性烟草。若自己因吸烟晕厥，他们会十分羞愧。过去就是这样，他们会把自己吸晕过去。如果有人带来的烟草效力特别强，能放倒任何人，那他会十分自豪。（Harrington 1932：188—195）

通过对上述描述的研究，便能立即看出，卡鲁克人的烟草使用体验与他们对烟草的理解及相关做法密切相关。换作今天，我们可能会将他们吸烟时所追求的效果称之为尼古丁中毒；当时的烟草使用者会使出浑身力气，尽可能久地将烟雾留在他[1]的肺中（Harrington 1932：183）。卡鲁克人并不培育除烟草外的其他植物，尽管在卡鲁克部落的领地内，野生烟草遍地都是，但他们还是会专门进行培育，"只为了让烟草效力更'强'（ikpíhan）"（9）。

在卡鲁克部落中，使用烟草几乎是男性独有的嗜好；在女性中，只有医生才会吸烟。与使用烟草相关的各种活动和仪式确实曾代表着"勇士般的男子气概"。卡鲁克

---

[1] 过去，吸烟的几乎都是男人，或者从事"男人工作"的女人（Harrington 1932：12）。我在此处所用的人称也是男性的"他"，凸显男子气概在卡鲁克人烟草使用中的核心重要性。我并没有故意在分析时忽略女性；恰恰相反，后续章节的重要主题之一就是当代西方社会中女性烟草使用者的增加。在这里，我只是想要准确传达出卡鲁克人的烟草使用具有针对特定性别的属性。

人会在吸烟的各个阶段表现出自己的坚忍、耐力和毅力：从让滚烫的煤块在掌心滚动，把烟吸入肺中，再到吸烟后努力保持清醒。吸烟后晕过去的人确实会感到些许羞愧和尴尬。此外，所用烟草的效力[1]也曾被视为象征男性力量大小的隐喻。就连卡鲁克人用以描述烟草使用的语言（假设英文译文可靠的话）——"大力吸入"（smacking in）——都体现了：相较于当代西方社会的吸烟者，卡鲁克吸烟者追求的是更明显、更强烈、更粗暴的体验。对卡鲁克人来说，使用烟草主要是成年人的追求。这是一种**成人仪式**（*rite de passage*），标志着向成年阶段的过渡："年轻男孩不吸烟。他们最多就玩一下烟草产生的烟雾。小男孩若吸烟，一般都会生病。他们会等到自己的嗓音变得深沉沙哑后再开始吸烟。变声会让他们觉得：'我们已经是大人了。'"（Harrington 1932：214—215）。

　　他们每天会有特定的吸烟时段，主要是在晚餐后（Harrington 1932：11）。吸烟行为象征着友谊，"被视为朋友的拥抱"（同上）。当两个卡鲁克男性或两名卡鲁克女医生"在路上"相遇，他们／她们会先一起吸烟，然后再继续各自的旅程。这种行为仍然与男性力量的表达

---

[1] 本书所用的"强"（strong）和"弱"（weak）指的是药理效力的强度大小。我将在第 3 章的结论中解释这一措辞。

和强化密切相关，是男性之间的纽带：

男性外出时，随身携带烈性烟草会让他感觉自己很男人、社会地位很高。路上每次遇到另一名男性，他都必须先吸烟，才能继续出发。他认为："我要在我们重新上路前好好款待他。"这样做会让他觉得："我是个男人。"每当两名男性在路上初次相遇，总会有一人提出："我们一起坐一会儿吧。"坐下休息时，其中一人会拿出自己的烟斗，发出邀请："朋友，我们来吸烟吧。"对方会说："朋友，来吧。"接着，他会点燃烟斗，自己先吸，再把烟斗递给对方。所有人都是这么做的，自己先，对方后。对方接过烟斗，接受款待。两人会轮流使用同一根烟斗。在这一轮吸烟结束后，对方也会拿出自己的烟斗，回敬款待自己的人："你不妨也试试我的烟草。朋友，我得回请你。"这次仍是提议的人先来，流程一样。他吸完后会将烟斗递给先款待自己的人，并对对方说："朋友，你的烟很烈呀。"对方则否认道："哪里哪里，没有的事。"否认时还带着几分笑意。最终，他们会吸完这斗烟，烟斗会物归原主。主人收到烟斗的手颤抖着，几乎无法将烟斗放回袋中。他的烟草效力太强，他还在嘴里品尝着烟草的滋味。吸烟的过程很长，结束吸烟的过程也很长。

　　一切结束后，他们会相互告别："好了，我们重新上路吧，我也得继续旅途了。朋友，后会有期。"（207—208）

　　先吸自己烟斗的行为似乎违背了当代西方的吸烟礼仪，但对卡鲁克人来说可能带有某种特殊的含义，可能是向对方暗示，自己的烟草很安全、很优质，可能也是变相在说："吸这种烟草对我来说毫无难度。你自己试试就知道我有多厉害了。"这种仪式无疑带着些友好竞争的意味。

　　卡鲁克人也会将烟草用作泥敷药和止痛药，敷在伤口和其他疼痛部位。烟草也曾被用作帮助睡眠的镇静剂（Harrington 1932：11）。卡鲁克人认为站着吸烟很不吉利，这可能是因为用了烈性烟草后，吸烟者往往会晕厥过去。他们还认为边排便边吸烟很不吉利，此外，吸烟的时候也不能笑，这样可能会弄裂烟斗（214）。这些观念可能也与务实的考虑有关；但在这里提到它们，只是为了证明对卡鲁克人来说，吸烟是一项相对严肃的活动。哈林顿（Harrington）对卡鲁克人的烟草使用进行了概括：

　　对卡鲁克人来说，燃烧烟草的烟斗象征着摆脱无聊生活的出口，以及通往医学、宗教和神话世界的入口——以各种方式进入未知世界的入口。他们吸烟从来都不是为了享乐，必然有着某种明确的目的，哪怕只是为了完成"伊克萨里安夫斯"（音译，Ikxareyavs）[1]规定的、自己祖先们也遵循的日常例行之事……他们寻求的只是烟草的力量；使用烟草时，他们只选择能制造出最严重中毒效果的方法。烟草的使用完全受习俗和迷信指导。对卡鲁克部落的男性和女医生来说，根本不存在吸烟好不好，或者该不该吸烟的问题。几乎所有男性都吸烟，而且是在同一时间，以完全相同的方式。女医生吸烟只是因为她们从事着男性的工作，所以必须做男性该做之事。非医生的女性从不吸烟。青少年吸烟也是他们所不赞同的。如果既定的习俗让烟草的使用成

---

[1] 这里的"伊克萨里安夫斯"指的是比卡鲁克部落更早生活在他们领地上的先民，卡鲁克人认为"伊克萨里安夫斯"早已化作各种各样的有灵之物。根据哈林顿的说法，"伊克萨里安夫斯是个古老的民族，［过去的人认为］当卡鲁克人来到这个国度时，他们已经化作动物、植物、岩石、山脉、土地，甚至是房屋的一部分、舞蹈和抽象的概念，他们与卡鲁克人同在，直到将所有的习俗都告知卡鲁克人，看到卡鲁克人继承了这些习俗才离开。他们会通过所有例子告诉卡鲁克人，'人类都将做同样的事情'"。（1932：8）

为了一种习惯，没有人会将它当作习惯来谈论，这
种行为的个体差异也会很小。（12—13）

上面的节选不仅让我们看到了卡鲁克人如何使用烟
草，也让我们看到了 20 世纪西方社会如何使用烟草。哈
林顿似乎用了比较分析的方法。也就是说，他对卡鲁克
人烟草使用的描述也间接体现了他对当代美国人烟草使
用的观察结果和理解——二者恰恰相反，**形成了鲜明对
比**。当代美国是以白人为中心的工业化**文明**国家。

他的描述，尤其是"他们吸烟从来都不是为了享乐，
必然有着某种明确的目的"，以及"如果既定的习俗让烟
草的使用成为了一种习惯，没有人会将它当作习惯来谈
论，这种行为的个体差异也会很小"这两句，含蓄地对
比了卡鲁克人与当代美国人烟草使用方式的不同，前者
是仪式化的，后者更**个性化** [1]。对卡鲁克人来说，习俗和
迷信，或者美化一点说，烟草的宗教内涵和精神意义严
格规定了烟草使用的情境，**影响了**烟草的使用："几乎所

----

[1] 这并不是说，在以白人为中心、工业化、文明的美国，
国民的吸烟行为都是毫无**目的**的；而是说，在影响卡鲁克人烟草
使用目的的各种因素中，对仪式的追求和先赋的信仰远远凌驾在
个体对吸烟行为的理解和**合理解释**之上。

有男性都吸烟，而且是在同一时间，以完全相同的方式。"哈林顿也含蓄地将卡鲁克人对吸烟行为的理解（完全没有道德上的担忧）与他那一代美国人对吸烟的道德担忧（"吸烟好不好"）进行了对比。

卡鲁克人吸烟时体验的是"力量的味道"；他们通过吸食烟草获得的力量，会提升他想向外界展示的男子气概。这会让他觉得自己很男人、很厉害，并产生一种满足感。用生物药理学的话来说，他摄入了足量的尼古丁，这些尼古丁部分阻断了他体内神经细胞受体区域的神经信息传递，产生了高度的镇静作用（Ashton and Stepney 1982：38—39）。大剂量摄入尼古丁可能也刺激了他们体内各种"神经激素"的释放——如血清素和多巴胺（Wilbert 1987：148），进一步增强了尼古丁的"味道"和随之而来的良好感觉。但这也只能部分解释吸烟者的体验。如果当代西方社会的吸烟者以卡鲁克人的方式吸食卡鲁克人的烟草，他们感觉良好的可能性微乎其微。因此，这种愉悦的体验显然有习得的成分在。哈林顿曾描述过"白人初尝美洲原住民烟草的经历"："初来乍到时，有些白人试过原住民的烟草。他们自以为，'我们也吸得了，我们要像原住民那样去吸'。结果，他们只将烟雾吸进了肺里一次，就病了一周。原住民的烟草效力太强了。他们再不想尝试第二回了。"（Harrington

1932：277—278）

要想使用卡鲁克人的吸烟法，吸烟者必须先经历一个漫长的烟草**习惯**过程。也就是说，他需要投入大量的时间，付出大量的努力，才能让自己的身体适应大剂量摄入的尼古丁，以及烟草中的其他活性物质。更本质的原因在于，尼古丁中毒的体验与我们天生的愉悦感毫不沾边[1]。吸烟者必须先学会享受卡鲁克吸烟法——把伴随而来的抽搐、手颤和时而发生的晕厥视为好事。这些都是卡鲁克人主动追求的效果：他们学会了最有效摄入尼古丁的技巧，他们竭尽所能地培育效力最强的烟草。卡鲁克人的烟草使用体验包含了多种要素之间复杂的**相互作用**，这些要素为：有关烟草使用的期望、理解、仪式、叙事、实践、感知和生物药理作用。

卡鲁克人的烟草使用受仪式、既定信仰、习俗和集体意志的支配，这一点也能见于他们的**戒烟**过程中：

远古时代，许多美洲原住民对烟草都有着强烈且迫切的渴望，这已经成为了他们的习惯。但他们每天用于吸烟的时间非常少，甚至反对已经二十多

---

[1] 我参考了贝克尔提出的成为大麻使用者的模型，这在本书引言中已经探讨过。

岁的男性吸烟，若知道现代就连青少年都有烟瘾问题，一定深恶痛绝，一如现代原住民对许多白人越轨行为的厌恶一样。早期的卡鲁克人可以克制自己吸烟的欲望，或者可以用远超普通白人的毅力彻底戒烟。他们的日常生活教会了他们自我克制与吃苦耐劳。（Harrington 1932：216）

至于为何与普通白人男性相比，卡鲁克人更擅长克制吸烟的习惯或戒烟，哈林顿的解释是，卡鲁克人更习惯于自我克制。这种解释或许正确，但还存在另一种可能，卡鲁克人戒烟时经历的戒断综合征及其经历戒断综合征时的**反应**与西方人有很大**不同**。正如我在前文所言，卡鲁克人的烟草使用体验涉及多种要素之间复杂的相互作用，我们理当认为戒烟也是如此。

人种志证据清楚表明，不同群体的戒烟体验存在显著差异。下面是 20 世纪人种志学者对另一美洲原住民克拉马斯人（Klamath）的描述，他们曾居住在卡鲁克人的上游不远处：

克拉马斯人种植的烟草叶片较小，在美国有大面积分布。这种烟草成熟后效力非常强，最资深的老烟枪都经常因其而生病，但对此他们往往避而不谈，只是说这种烟草品质很好。女医生都会吸烟，但其他女性从不吸烟。吸烟时，无论是坐着还是站着，他们都会朝上举着烟斗，只有平躺时，看上去才是完全放松地享受吸烟的乐趣；不过，无论什么吸烟姿势，他们都能掌控自己的烟斗。有些烟斗很小，装的烟草量不超过一个顶针的大小。他们从来不会让自己被吸烟的习惯打败，他们可以一整天不吸烟，也可以一连数日不吸烟，且对此毫无怨言。晚餐后，男人们会带着烟斗去发汗室吸烟，有些人睡觉前还会抽上两三烟斗的烟。年老的女医生整天都在吸烟，睡觉前往往也要来上一烟斗。所有人吸烟时都会将烟雾吸入肺中，再通过鼻子排出。（Thompson 1916：37）[1]

根据汤普森（Thompson）以上的描述，我们了解到，与卡鲁克人吸烟习惯非常相似的克拉马斯人可以长时间不吸烟，且"毫无怨言"。哈林顿认为卡鲁克人戒烟靠的是"自我克制"，但汤普森似乎是在暗示，长时间不吸烟对克拉马斯人来说没那么难。不过，上述两段引文体现

---

[1] 哈林顿（1932：32）也曾引用过这一段。哈林顿明确指出（216），汤普森的描述绝不适用于卡鲁克人。

出的鲜明对比可能被夸大了，毕竟这些叙述都来自西方人的视角，并不是卡鲁克人和克拉马斯人的自述。

烟草在萨满仪式中的使用

我一直想要证明一点，烟草的使用对许多美洲原住民都有着至关重要的意义和重要性。但还有一个待解之谜：在美洲原住民中使用最广的为什么是烟草，而非其他精神活性植物。了解一下烟草与美洲原住民萨满仪式之间的关系，这能为我们提供很多启示。

许多美洲原住民都认为烟草和其他精神活性植物能帮助他们与灵界沟通，因此，这些植物在他们的文化中至关重要。在这些原住民部落中，萨满被认为是一个能与更多灵体交流的角色，且逐渐被认可为能广泛穿梭于灵界之中的人（Goodman 1993：22）。萨满会试图用状若狂喜的表演来治愈他人。美洲原住民的信仰体系通常认为，疾病是由灵体力量引起的，主要有两种作用方式。第一种是侵入，也就是实际存在的神秘物质或邪灵的本体侵入人体，引发疾病（23）。下段文字描述了一名被侵入的卡玛尤拉人（Camayurá）是如何被治愈的：

有天早上，我去钓鱼，正忙着，突然感觉身

体一侧被叮咬了一下。日上中天时，我开始颤抖，我叫人请来了坎图（Kantú），他是伊瓦拉佩蒂萨满（Iwalapetí shaman）。那天夜里，坎图和另外六名萨满进入森林，带回了一个mama'é［灵体］。他们边吸烟，边歌唱，然后那名伊瓦拉佩蒂萨满吸出了"摩恩"（moan）［入侵物质，在这个案例中是一小块烧焦的木头］。我一看到那个"摩恩"，就知道是名为叶瑞普（yarúp）的邪灵在作祟，是它让这东西侵入我的身体，我还知道这个邪灵属于库苦鲁人（Cuicúru）。我给了伊瓦拉佩蒂萨满一条项链，作为治愈我的酬劳。（Oberg 1946：61）

第二种是"灵魂丧失"。当时之人认为，灵体力量可以剥夺人的灵魂，据说，因此患病之人的灵魂已经不在体内了，被抽离到了超自然的世界中。要治疗这类疾病，就需要将患者的灵魂带回自然世界，这就是萨满的职责了。萨满会借助致幻植物进入超自然世界，找回受害者的灵魂，让受害者恢复健康（Goodman 1993：23）。治疗的方式很多，用于治疗的植物及其效力不同的品种也很多，但美洲原住民应用最广的植物还是烟草（24）。

萨满仪式中的烟草用量通常远大于消遣所用的烟草（Wilbert 1987：xvi）。萨满一般会吸入大量的烟草烟雾，先是恶心，然后呕吐、抽搐，最后进入昏睡，仿佛死了一般（157）。正如威尔伯特所言，正是这种"死亡"和"复生"的模式构成了美洲原住民治疗理论的核心。该理论的根本信仰是，只有"能让自己死而复生的人才有能力治疗他人，让他人恢复健康"（156）。此外，威尔伯特还指出：

　　濒死的精神紧张状态对萨满仪式的正常进行至关重要，这就难怪我们能在南美原住民的各种人种志文献中找到证据，证明他们有追求急性尼古丁中毒的倾向。烟草似乎曾被用到待处决（Yupa）或活埋（Muisca）的祭品身上，以制造类似死亡的状态，但我所指的并非这些，而是指萨满大师会将烟草用到自己的学徒身上，将他们带到死亡边缘，不过，这些学徒需要先逐渐习惯尼古丁，这个过程可能需要数月，甚至数年……在瓦劳（Warao）部落中，新人成为萨满的第一步，就是被人声音洪亮地宣告死亡。在图皮南巴（Tupinamba）部落中，老萨满会聚在一起指导候选人，让他跳舞，跳到晕倒为止。他们会掰开他的嘴，塞进一个漏斗，通过漏斗给他灌入一整杯烟草汁。这位候选人会因此而神志不清并吐血，这份难受与煎熬会持续好几天。（157—158）

威尔伯特的观察结果再次证明，对不同的原住民部落而言，参加萨满仪式所必需的烟草习惯程度千差万别。他指出，濒死重生的模式不只具有象征意义。他的结论是，相比于其他药物，萨满医学最青睐烟草的原因如下：

> 尼古丁是烟草中的双相药物，格外适用于表现濒死的连续过程，最初是恶心、呼吸沉重、呕吐和虚脱（身体不适）；然后是颤抖、抽搐或疾病发作（极度痛苦）；最后是呼吸肌周围性麻痹（死亡）。对自主神经节中神经冲动传导的进行性阻断和中枢性刺激是通向死亡之旅的主要药理学条件，萨满在这趟死亡之旅中，如果所用尼古丁剂量适当，那么他体内的尼古丁能够快速完成生物转化，让他安全地"死"而复生。（1997：157）

烟草这种天然的生理作用模式恰好能满足萨满信仰体系的需求，且巩固了这些体系。此外，在美洲原住民所用的众多精神活性物质中，烟草的影响相对温和且持续时间较短。这些特性让它在美洲原住民中拥有了"大量的功能性角色"（Goodman 1993：24）。这些就是烟草在哥伦布到达前的美洲比其他药物应用更广的主要原因（同上）。

烟草的成功是因为它的效力比其他药物"弱",这一点乍一看可能自相矛盾[1]。但一如后文将论证的,烟草的这一特性在被引入西方后,仍然十分重要,且会越来越重要。烟草相对温和的特性赋予了它相对模糊的属性,因此,这种植物本身及其使用方式和效果都是可以根据不同社会文化环境的需要来调整的,这也是它至今仍旧普遍存在的关键原因。换言之,烟草最重要的特性之一就是,它比其他诸多药物更容易控制对人体影响的大小,而且这些影响带给人的体验易受外界影响,或者说可以有不同的解读,可以被人为操纵。

美洲原住民在与欧洲人接触后的烟草使用

有关美洲原住民烟草使用的大部分描述都是在西方人抵达美洲后收集的,因此很难评估白人对描述中的烟草使用行为产生过多大影响。不过,许多美洲原住民都有相对较强的传统意识,所以许多叙述都有回溯性的叙事结构。尽管大多数叙述指向的时间段都在与西方人初次接触之后,但从中确实可以找到一些迹象,帮助了解

---

[1] 我的意思是,烟草使用后产生的短期影响相对可控,一般不会给人带来显而易见的严重损害。

原住民烟草使用行为的总体改变**方向**。

在这方面，卡鲁克人的经历再次为我们提供了有用的借鉴。卡鲁克人在与西方旅行者接触后，吸烟的频率和娱乐性大幅增加。他们还开始抽"白人的烟草"，这类烟草往往比传统的卡鲁克烟草品种温和得多。哈林顿研究中的一位受访者说：

> 几乎是白人一出现，所有原住民就开始改吸他们的烟草——白人烟草。那时，原住民一见到白人，就会向他们讨要烟草，他们会说："给我一些烟草。"……阿克斯瓦希特·瓦亚拉（Axvahitc Va'ara）是个老年已婚妇女，但她常常四处溜达，找白人讨要烟草。她是个女医生。有一次，她向安迪·默尔（Andy Merle）讨要烟草，一路对他穷追不舍。他忍无可忍地说："我一丁点都不会给你。"瓦亚拉说："霉运很快就会降临到你头上，你身上会出现巨大的伤口。"……那时，会吸烟的人就会干出这样的事，他们经常讨要烟草，还有火柴。这就是我不学吸烟的原因，一旦学会，我也可能会追着某人讨要烟草。（Harrington 1932：269—270）

在与白人旅行者接触后，卡鲁克人的烟草使用形式开始越来越多地效仿当代西方人。吸烟更频繁、更随意，最有意思的是，吸烟者对烟草的依赖性显著增强。

如果我的解读正确的话，卡鲁克人的例子就是众多美洲原住民的典型代表。正如威尔伯特（1987：xvi）所言，烟草植物"对原住民部落的价值观体系产生过重大影响，直到生活范围不断扩大，烟草信仰的意识形态原则开始逐渐从宗教转向世俗"。在与白人旅行者接触后，许多原住民开始越来越多地以娱乐消遣为目的使用烟草。原住民女性吸烟的情况也因此而大大增加（同上）。不过，一些美洲原住民还是将萨满仪式中的烟草使用方式传承到了 20 世纪。为了证明这一点，下面引用了一段对巴西中部库苦鲁烟草萨满的描述：

> 梅茨（Metsé）每一口烟都吸得很深，吸完一支，主萨满又递来一支点燃的。梅茨将所有的烟雾都吸入体内，身体很快陷入巨大的痛苦之中。大概 10 分钟后，他的右腿开始颤抖。接着，他的左臂开始抽搐。他不仅将烟草的烟雾吞入了口中，还吸入了体内，这让他很快便痛苦地呻吟了起来。他的呼吸越来越吃力，每呼出一口气都伴随着呻吟。这时，被他吸入胃中的烟雾开始令他干呕。吸入的烟雾越多，他的神经就越紧张。这个过程就是一支接着一支，

一直吸到濒临晕倒。突然，某个瞬间，他"死了"，双臂向外张开，双腿僵硬地伸直。这种晕厥状态持续了将近15分钟。梅茨苏醒时，两名随侍萨满正一人一边揉搓他的胳膊。其中一人一边吸烟，一边轻轻地将烟雾吐到他的胸口和双腿上，尤其是他自己轻触暗示需要吐烟的位置。（Dole 1964：57—58）[1]

由此可见，与西方的接触并没有让美洲原住民的烟草使用传统完全灭绝。有时，传统的做法会有所调整和改变，似乎与白人定居者的做法同时存在。

哈林顿在有关卡鲁克人烟草使用情况的结论中提供了一些观察结果，这些观察结果有助我们了解烟草传给白人的过程：

有一个令人好奇的事实，白人在从原住民手中接过烟草的主导权时，只带走了烟草这种物质资料，没有带走原住民烟草世界的任何碎片；他们一开始甚至都没有意识到有这样一个世界存在。距离烟草进

---

[1] 虽然本段描述的是20世纪的一场仪式，但古德曼指出，梅茨经历的是欧洲人来到新大陆前就已经存在的古老传统（1993：19）。

入白人世界已经过去了好多代人，但烟草几乎从未走入过白人的心理世界和神话传说。白人为"尼古丁女郎"（Lady Nicotine）如痴如醉，但只是将其作为一种药物、一种味道、一种习惯，以及一种对温和且好口感的烟草类型的追求，但对卡鲁克人来说，烟草是来自神的遗产，是一条伸入这个世界的陌生道路，一直通向神奇力量的尽头。（1932：12—13）

正如哈林顿所言，烟草这种物质资料确实传到了西方社会，但美洲原住民赋予它的深刻的精神内涵并没有。最有趣的是，只有那些最温和的、西方人觉得口感最好的烟草品种成功跨过了原住民与西方人之间的文化鸿沟。不过，与其说烟草完全丧失了它的心理意义和神话意义，不如说白人使用者给它加诸了一套截然**不同**的含义：与哈林顿的看法恰恰相反，这些含义深受美洲原住民烟草信仰的**影响**。此外，烟草的使用能够从一种社会文化环境传入另一种截然不同的社会文化环境，这一事实本身就意义重大。

综上所述，过去，**传统的**烟草使用对美洲原住民意义重大，十分神圣，是对"男子气概"的追求。原住民所培育的烟草品种远比当代西方流行的烟草品种要烈，使用者需要经历一段漫长的习惯过程。烟草也曾作为致幻剂，广泛应用于萨满仪式中，偏娱乐消遣性的吸烟活动相对少见，一般只在一天中的特定时段进行，而且摄入的都是效力强大的烟草。最重要的是，美洲原住民传统的烟草使用方式是以失控和中毒为特征，这与当代西方的使用形式形成了鲜明对比。烟草的使用也曾是一种高度仪式化的追求，原住民社会对烟草使用者的年龄和性别进行了严格的限制。

不过，在与西方人接触后，美洲原住民的烟草使用出现了诸多变化。女性吸烟的情况越来越普遍，烟草的使用形式也越发接近当代西方的模式：使用更频繁，且用的是相对温和的"白人"烟草。至于萨满仪式中的烟草使用方式，虽也有所调整和改变，但似乎一直延续到了 20 世纪。

本章重构了人们为何吸烟这个问题。在某种程度上，确有证据表明，尼古丁自我给药是美洲原住民使用烟草的核心因素。但仅凭这一洞见，我们得到的信息相对较少，只能得到部分答案。它几乎没有告诉我们烟草使用在美洲原住民中扮演着何种角色——它的地位、功能和意义；我们只部分了解了原住民的烟草使用体验；但我们还是不知道为什么某些吸烟者比现代香烟吸食者更容易克制烟草的使用，甚至更容易完全戒烟；这一洞见几乎无法解释原住民与当代西方在烟草使用形式上的差异；

此外，尼古丁的自我给药模式也不足以解释美洲原住民烟草使用原因的变化、使用方式的变化、体验方式的变化、依赖性的变化等。

当然，对于本章引言中提到的美洲原住民烟草使用的变化方向（以及更普遍的发展），尼古丁的自我给药模式完全无法解释。但正如后续章节将交代的那样，通过分析这一变化方向，我们可以了解人们的吸烟原因是如何发生变化的，我们将不仅着眼于不同时间段之间和不同文化之间的变化，还会着眼于个体成为吸烟者的阶段性变化。

下一章，我将进一步探讨烟草使用的发展变化方向，主要着眼于以下问题：与西方接触前的美洲原住民与当代西方人之间为何会在烟草观念和烟草使用方式上有那么大的差异？

美洲原住民的烟草使用是如何成功地"移植到"西方社会和西方文化之中的？简言之，烟草植物、烟草使用和烟草的"效用"是如何适应并融入西方的社会文化环境之中的？我将研究人类最早对烟草使用的解读，以及烟草使用如何被纳入到盖伦（Galenic）体液学说之中的，并探究西方对烟草的理解、使用和体验自16世纪以来发生了何种变化。

第2章 烟草使用和体液学说：
烟草初入英国及其他欧洲地区

第一个将烟草及其使用知识引入英国的人是谁[1]，以及烟草的使用何时在英国普及开来，对于这些问题，历史文献给出的答案尚存争议。据英国官方记录，约翰·霍金斯（John Hawkins）爵士是第一批将（**黄花烟草**品种的）烟草种子带到英国的官员之一；他确实于1565年将烟草种子带到了英国（Koskowski 1955：57；Apperson 1914：14）。但也很可能有去而复返的殖民者或其他旅行者比他

---

[1] 我在本章提供的大部分资料都与烟草使用在英国的发展有关。我打算将英国作为范例，反映从16世纪到20世纪初整个欧洲烟草使用的总体变化方向。我选中英国是基于务实和实质性的考量。务实的考量是，我撰写本书时正身处英国，与这个国家相关的资料最易获取。实质性的考量是，除湿鼻烟外，其他许多新的烟草使用方式都起源于英国，是从英国传到欧洲其他地区及全世界的。值得注意的是，英国是欧洲最早进行工业化的国家之一，在美洲有巨大的商业利益。至于欧洲各国之间在烟草使用发展模式上的明显差异，我会努力凸显出来。

更早带回过烟草。有若干资料表明，早在 1573 年，烟斗吸烟就已经流行起来。社会历史学家阿珀森（Apperson）引用了来自威廉·哈里森（William Harrison）的证据，哈里森在 1588 年的《年表》（*Chronologie*）中写道："[1573 年]……英国人已经开始大量吸食名为烟草的印第安草药，吸食工具是形似小号的长柄勺 [早期烟斗，斗钵又小又浅]，烟雾通过这个工具，从口腔进入脑袋和胃"（引自 Apperson 1914：14）。

某些欧洲地区发现并使用烟草的时间早于记载中霍金斯将烟草首次带回英国的时间，因此，烟草也有可能曾经由那些地区传入英国。比如，葡萄牙早在 1512 年就引入了烟草，在 1558 年已能见到烟草培育（Koskowski 1955：56）。人们普遍认为，烟斗吸烟在 16 世纪末的英国已经广为人知 [1]。到 1573 年，英国已有烟草种植（Harrison 1986：554）。到 17 世纪初，烟草的种植已经传到了格洛斯特郡、德文郡和英国西部的其他郡（Koskowski 1955：58）。据说，到 17 世纪中，光是英国南部就有超过 6000 个烟草种植园（Harrison 1986：556）。

---

[1] 使用烟草的方式还有咀嚼和嗅吸，但在 16 世纪和 17 世纪的英国，最流行的还是使用烟斗（Koskowski 1955：59）。

人们普遍认为，英国吸烟流行的"艏饰像"是沃尔特·雷利（Walter Raleigh）爵士。每当被问到是谁将吸烟引入英国（Apperson 1914：14）以及让吸烟行为普及开来，人们最常想到的就是雷利。确实有好些民间传说与他有关。阿珀森提到过一个："有个男学生的故事恰恰体现了这一传统，有人问他：'你对沃尔特·雷利爵士了解多少？'他说：'沃尔特·雷利爵士是将烟草引入英国的人，他回到英国，一边吸烟，一边对自己的仆人说："里德利先生，我们今天是在英国点燃了一支蜡烛，上帝会保佑它永不熄灭！"'"（15）费尔霍尔特（Fairholt 1859：52）提供了另一个例子："[雷利]……拿出自己的私人烟斗，烟斗冒烟的时候，吓得仆人以为自己的主人着火了，赶紧将啤酒倒在了他身上。"

　　如上所述，对16世纪的欧洲人来说，第一次见到别人吸烟一定觉得特别反常，甚至不安。尽管在烟草引入前，很可能还有其他草药被用于吸食，但这种做法可能并不常见。从哈里森的描述中可以看出，他似乎都找不到一个词来称呼我们现在所说的烟斗，只能将其称为"吸食工具是形似小号的长柄勺"。这似乎再次表明，在此之前，任何形式的吸烟行为都相对少见，尤其是使用烟斗的吸烟行为。

一开始可能只有社会中较富裕的阶层才能吸烟。烟草在刚传入西方的头几十年里非常昂贵。随着国内外供应的增加，烟草价格才开始下降，吸烟也才能迅速普及到几乎所有社会阶层之中（Koskowski 1955：59；Goodman 1993：60）。以下面这段写于 1640 年的描述为例："烟草对男女老少、穷人富人都有吸引力；从宫廷到农舍，从孩童到老人，无论健康与否都会被它吸引"[《智者的消遣》（Wits' Recreations，1640），引自 Apperson 1914：25]。

表 1　英格兰和威尔士的烟草使用情况，1620 年—1702 年

年　份	年均使用量（单位：磅，人均）
1620—1629	0.01
1630—1631	0.02
1669	0.93
1672	1.10
1682、1686—1688	1.64
1693—1699	2.21
1698—1702	2.30

资料来源：Shammas 1990：79。

烟草使用的传播之快非常惊人。人均使用量水平足以证明它的传播有多成功。从上表可以看到烟草使用量

在 17 世纪的剧增。

为了解释这一成功，也为了了解烟草传入西方之初及之后的使用情况，本章将关注五个核心问题：第一，烟草是如何从美洲原住民处成功传入西方社会及其文化中的，以及原因；第二，欧洲早期的烟草使用者是如何理解、使用和体验烟草的；第三点也与这些问题相关，通过研究烟草支持者与反对者之间的力量平衡变化，探讨对烟草使用日益严格的监管；第四，从 16 世纪到 20 世纪初，烟草使用在英国及欧洲其他地区经历了哪些变化；第五，烟草使用在这一时期的彻底转变与更广泛的社会进程之间有何关联。

本章的主要目的是，进一步追踪能代表烟草使用长期发展的总体变化**方向**。我将在第 1 章的基础上，继续探究烟草使用的两点变化：一是逐渐摆脱对失控和逃离常态的追求，二是逐渐将其用作自我控制的工具。我还将探究对烟草商品及其使用行为日益加强监管的过程，证明对加强监管日益上升的需求来自两个方面：一是国家和新兴医疗行业都在试图控制烟草的使用，二是更高社会阶层的烟草使用者**对区别化的追求**（*quest for distinction*）。我论点的核心部分也在于此：烟草使用的发展受埃利亚斯（2000）所说的**文明**进程的影响，埃利亚斯所说的"文明"只是专业层面的，并不是文明的标准含义[1]——过分简化一点来说，这些进程加大了要求人们加强自我克制的社会压力[2]。我会在烟草使用发展与文明进程之间关联最明显的地方提到埃利亚斯的著作：换

---

[1] 对于不熟悉诺贝特·埃利亚斯作品的读者来说，明白一点很重要，即他在学术著作中所用的"文明"（civilization）一词，与我们现在日常常用、受主观价值影响的"文明"一词有着本质的不同。这就类似于人类学家口中的"文化"（culture）也不同于人们日常用语中的"文化"一样，前者指的是更高层面的思维问题———如"文化教养"（a cultured upbringing）中的文化。埃利亚斯所说的"文明"绝对不是指与某种"社会演变"或"进步"有关的进程。

[2] 埃利亚斯的《文明的进程》（The Civilizing Process）有2册，共500页，想用一句话全面总结显然是不可能的，但我至少可以就埃利亚斯探讨的部分变化，指出其变化的方向。埃利亚斯本人也不愿对自己的著作进行过于简明的概括，部分原因在于，他希望自己的观点始终是循序渐进、逐渐成形的，可以带领缺乏背景知识的读者逐层深入下去；他也一直想引入与历史结果相关的一些概念。这只是一个更广泛尝试的组成部分，该尝试旨在将我们今天所说的社会学研究的经验研究部分和理性推导部分相结合：他的著作是二者并重的，旨在避免理论与研究相脱离，一旦脱离，就会问题重重。《文明的进程》写于1968年，在距今最近的一个版本中，埃利亚斯补了一篇附记（最初是修订后的引言），用一句话总结了他的部分主要观点。在这句话中，他将文明进程的核心描述为"人口的结构性变化，使他们的情感控制更加巩固和区别化，从而让他们的感受（比如提高感觉到羞耻和厌恶的门槛）和行为（比如让餐具区别化）更加巩固和区别化……这种变化源于数代人沿同一特定方向的进化"（2000：451）。

言之，就算是不熟悉埃利亚斯作品的读者，也能理解他的观点与烟草之间的关联。

　　在探讨上述问题的过程中，我还会探究为何曾经（尤其是烟草传入欧洲之初）在欧洲社会广受欢迎的烟草会比现在常用的烟草烈那么多，不过，那时的烟草已经比美洲原住民所用的品种温和很多了。在这方面，我考虑的是人们如何看待烟草及酒精作为致醉剂的相对地位，以及这些看法的变化。我将论述烟草最初是如何被视为致醉剂的，以及在不同烟草品种被培育出来、新的烟草加工方法被开发出来以及烟草消费模式开始转变之后，烟草的地位发生了何种改变。这些发展催生了一种观点，即烟草致醉的主要危险不在于烟草消费本身，而在于烟草的消费常常伴随着饮酒。此外，我还将研究在烟草监管被加强之前，各种各样的有毒物质是如何被掺入烟草之中的。我参考的文献都与真正因连续吸烟而丧生的人有关，尤其是与儿童有关。

　　本章还将详细探讨的另一主题是，当时流行的盖伦学说（或体液学说）是如何影响人们对烟草的使用、理解及体验的；以及烟草的使用、理解及体验是如何被纳入到这一学说中去的。不同时期流行的烟草观念不尽相同：最初被视为来自新大陆的万灵药；后来是对抗鼠疫的预防性药物；再后来被人们（及医学界广泛）视为治疗人体体液失衡的药物；接着，越来越多的医疗论文反对滥用（或无节制使用）烟草；再接着，为消遣娱乐而使用烟草的情况越发普遍；最终，越来越多的人为了治疗"文明疾病"而去使用和体验烟草——我将探究烟草流行观念不断改变的原因。

本章关注的还有烟草使用行为的变化：吸烟群体最初形成的是一个"**礼俗式**吸烟社会"，在这种社会中，几乎所有社会阶层都用烟斗吸烟，后来，烟草的使用形式和方法开始日益个性化、区别化。在这方面，我将研究"吸烟学校"的崛起；"吸烟艺术教授"的涌现；使用烟草所需的精致、华丽的仪器；以及一系列错综复杂、区别化、高度个性化的烟草使用方式，比如，如何呼出烟雾，或如何吸一撮鼻烟。读者将看到，烟草本身的**形式**是如何通过鼻烟调制品的混合等因素实现个性化的；以及烟草的**功能**是如何随之实现个性化的。如前文所述，我将从更高社会阶层对**区别**于下等人的**追求**入手，解释上述做法的兴起，而这又与文明的进程有关。

最后，我将详细探讨香烟是如何崛起成为主要的烟草使用形式的。我认为这里的自相矛盾之处在于，香烟之所以比其他烟草使用形式更受欢迎，恰恰是因为它的药理效力相对最小。得益于效力温和、使用便利这两点，香烟格外适合成为其他活动的补充。也就是说，与更早期的烟草使用形式相比，吸食香烟所需的"暂停时间"相对较短，且一般不会令吸烟者中毒，因此该活动可以与其他各种活动同时进行，包括工作，而这一点至关重要。我认为，香烟的这种补充作用曾是它最重要的特性，这打破了一种观念：烟草几乎只能在没有其他事情要做时使用。这些变化也再次改变了烟草使用者的体验；我将探讨这一变化过程是如何实现的。

此外，我还将说明，烟草使用向更温和的形式和方式转变并不是出于对健康的担忧，而是部分出于对尴尬的恐惧，以及出于以更"有尊严"、更"有教养"的方式使用烟草的压力。我将证明，当时存在的健康担忧并未阻碍香烟的盛行。我认为，从许多角度来看，香烟都堪称一种非常"文明的"烟草使用形式：相较于之前的烟草使用媒介，吸食香烟所引发的身体反应较少。比如，吸食鼻烟的动作幅度虽然很小，却会诱发身体的剧烈反应——打喷嚏；再比如，在更有教养的敏感人士看来，早期使用烟斗伴随的咳痰与吐痰行为，以及后来在美国流行的烟草咀嚼行为都十分粗鄙、令人厌恶。我将论证对这些进程的研究不仅有助于了解吸烟者不断变化的吸烟理由，还有助于了解吸烟者选择不同吸烟方式的原因、吸烟者从中获得的不同体验以及烟草使用的效果、目的、角色和功能是如何逐渐改变的。

烟草从美洲原住民社会的传入

使用烟草的行为对 16 世纪的欧洲人来说是全然陌生的，如此陌生的行为却能如此迅速地传播开来，这从很多方面来看都是非常了不起的。正如我在第 1 章所述，烟草对美洲原住民有着巨大的精神意义和物质意义。他们的烟草使用行为根植在一个复杂的习俗与信仰体系之中，这一体系与治疗、社交、传统、男子气概及其他价值观息息相关。在此，我将探讨的一个核心问题是，美洲原住民文化中的烟草使用是**如何转移到西方文化中去的？**

推动这种传播的最重要因素之一是盖伦（或"体液"）医学体系，该医学体系在文艺复兴晚期的欧洲占据着主导地位（Goodman 1993：41）。在欧洲内科医生、药草商人理解新大陆医学（包括烟草）的文化框架中，盖伦的医学理念是核心，而该文化框架又影响了烟草从欧洲向世界其他地区的传播（同上）。盖伦体系的基石源于 2 世纪希腊名医盖伦 [1]，他认为，人体拥有四种体液：血液、黏液、

---

[1] 有中文资料称，盖伦是古罗马名医，希波克拉底是古希腊名医。但根据英文资料，盖伦也被称为"希腊医生"（Greek physician），于公元 162 年搬去罗马（参考：https://www.britannica.com/biography/Galen）。他的理论确实是在希波克拉底体液说基础上继承、发展而来，更多被称为气质说。——译者注

黑胆、黄胆。与其他所有物质一样，这些体液的"本质"都是由四种对立状态组合而成：热与寒、湿与干。其中，血液是湿热的，黏液是寒湿的（39）。健康的定义就是一种体液平衡状态。如果某一种体液或状态成为了主导，体液就会失衡，这不仅会影响身体机能，还会影响一个人的气质或性格。比如，"干"过多易怒；"湿"过多忧郁（Hale 1993：542）。

盖伦药物疗法旨在通过放血、排毒、呕吐和出汗排出多余体液，以恢复体液平衡。比如，热疗治寒疾，湿疗治干症（Goodman 1993：40）。大约在烟草使用传入西方前后，盖伦派医生相信世间存在万灵药，他们根据盖伦的医学理论，推断这种万灵药是一种有机物质，而且是植物的可能性最大（43）。他们对万灵药的存在深信不疑，相信它的发现只是迟早问题。与之类似的是，当时还盛行不老泉（Fountain of Youth）的传说："一座喷泉，泉水比葡萄酒还珍贵，任何人只要喝下这泉水，就会变得年轻、健康。这确实是新大陆探险家寻找的地物之一，它的大致位置已经被确定在佛罗里达州。"（Hale 1993：546）

1571 年，西班牙最顶尖的医生之一尼古拉斯·莫纳德斯（Nicholas Monardes）发表了《来自新发现世界的喜讯》（英文译名为 "*Joyfull Newes Out of the Newe Founde Worlde*"），文中，他详尽研究了在新大陆发现的所有植物，提供了足够多且看似合理的医学理由，证明烟草就是人们期待已久的万灵药（Goodman 1993：44）。莫纳德斯凭借这一极具影响力的研究成果，成为了烟草被正式确立为治病救人之法的关键人物。在这一研究中，他将烟草的体液本质确定为二级干热（同上）。因此，烟草被认为是治疗所有寒湿疾病的理想选择，这类疾病在北欧非常常见。莫纳德斯详细介绍了据说可用烟草治疗的二十多种疾病，还提供了烟草的使用说明。他列出的疾病范围很广：牙痛、溃疡、痈、皮肉伤、冻疮、"邪灵的"呼吸、头痛，甚至"癌症"（Monardes 1925）。

盖伦医学理论对理解欧洲烟草使用意义重大，这一重要性在早期西方人对美洲原住民烟草使用的描述中清晰可见。比如，摘自托马斯·哈里奥特（Thomas Hariot）《弗吉尼亚新发现土地的真实简报》（*A Briefe and True Report of the New Found Land of Virginia*，1588）中的这一段：

> 有一种自生自灭的药草，当地人称之为"厄波沃克"（Uppówoc）。在西印度群岛，根据生长、使用地区、国家的不同，它的名字也会有所不同。西班牙人一般称之为烟草（Tobacco）。烟草叶会被晒干并研磨成粉；他们使用黏土制作的烟斗，将烟气

或烟雾吸入自己的胃和脑袋里，清除那里多余的痰液及其他体液，打开身体的所有毛孔和通路；这意味着烟草不仅能防止身体出现任何梗阻、栓塞，对于已经出现的梗阻、栓塞，也能够迅速清除，避免它们长期存在；当地人就是这样保持健康的，他们身上完全看不见经常困扰英国人的诸多严重疾病……我们跟着当地人习惯了他们的吸烟方式，回国后也继续沿用，我们还进行了许多实验，在烟草身上发现了许多罕见而绝妙的益处，个中关系需要单独写一本书才能说清；最近有许多从事伟大职业的男男女女，以及一些博学的医生都在使用烟草，这就足以证明烟草的益处多多。（引自 Apperson 1914：15—16）

哈里奥特写道，烟草"对印第安人来说特别珍贵，他们认为烟草能够极大地取悦神灵"（引自 Lacey 1973：101）。上面摘录的文字证明了两大关键主题：第一，重申了一个核心观点，早期的许多欧洲旅行者都是借助盖伦的理论体系在解读自己眼中陌生的习俗。烟草"清除那里多余的痰液及其他体液"这一句尤其能证明这一点。第二，烟草对美洲原住民具有重大的精神意义，也在他们的治疗活动中扮演着各种各样的核心角色，这意味着，对寻找万灵药的欧洲探险家来说，美洲原住民或许已经给出了一种答案（Goodman 1993：49）。

早期欧洲人对烟草的理解

通过研究欧洲早期的烟草观念，特别是烟草使用被纳入体液概念体系的过程，我们或可一窥加强烟草使用**监管**的较早期阶段。本节探究的正是这一加强监管的过程、随之而来的烟草使用体液论的崛起，以及这二者与欧洲早期烟草使用行为描述之间的关系。

在莫纳德斯和其他顶尖医疗权威人士公开宣称烟草是来自新大陆的万灵药后，烟草的万灵药地位确实得到了欧洲烟草使用者的广泛认同。正因如此，烟草最初是被当作药用植物引进的——可以本土化种植，且用以治疗各种疾病的植物。下文摘自 1615 年的《有关如何在英国种植烟草的建议》（*An Advice on How to Plant Tobacco in England*），能够代表当时人们对烟草的理解：

> 我知道［烟草］是一种治疗头痛、头晕眼花、胃部虚弱不适的灵丹妙药，还能治疗所有的关节疼痛和头部疾病，以及眼睛不适和牙痛；它能让人远离痛风、坐骨神经痛，能够消除脸上的异常泛红；

航海之人用它，可以预防热病、坏血病；它还可以消除梗阻、栓塞；对癫痫也有极其显著的疗效。将六便士重的烟草叶放进糖浆中，浸泡一整夜，可以制成很好的催吐物，也可以用白葡萄酒或红葡萄酒代替糖浆；发臭烟斗中倒出的油状物可以治好水疱、丘疹等各类皮肤病。（C.T. 1615: c3）

美洲原住民认为烟草这种植物是万灵药，莫纳德斯等作者显然深受这一观念的影响。美洲原住民曾将烟草视为一种神圣的药草和治病救人的良药，这一认知似乎对莫纳德斯等人产生了重大影响。16世纪时，人们普遍认为疾病是邪灵存在的象征（Goudsblom 1986）。被视为真正神圣之物[1]的烟草，自然会被视为一种可以驱邪的治愈力量。这类观点在莫纳德斯有关烟草的著作中随处可见。比如，他建议用烟草来治疗"儿童口中邪灵的呼

---

[1] 正如费尔霍尔特（1859: 46—47）所言，烟草传入欧洲之时，在英国、法国和德国都是以"神圣药草"之名著称。当时的一些文献将这种观念表现得十分明显。举个例子，威廉·利利（William Lilly）在《月亮上的女人》（*The Woman in the Moone*, 1597）中写道："为我采集镇痛的香脂和令人冷静的紫罗兰，以及我们神圣的药草尼古蒂安（*nicotian*），再从蜂巢中取来所有纯净的蜂蜜，以治愈我不幸受伤的手"（引自 Fairholt 1859: 47）。

吸"（口臭）[1]；"纠缠母亲的邪灵"（分娩痛）；以及"附着在关节上的邪灵"（关节炎）（Monardes 1925：79—80）。将烟草视为可治病救人的神圣药草，这一观念也可见于以下这段摘录中：

> 不久前，某些狂徒乘船前往圣洪德普埃托里科（Saint Jhon Depuerto Rico），打算将遇到的所有印第安人或西班牙人射杀殆尽。在抵达某个地点后，他们与印第安人和西班牙人交战，杀了一些，也导致多人受伤。这个地方碰巧找不到任何可疗伤的敷料，万幸的是，伤者了解烟草的疗伤作用，他们或是将烟草汁涂在伤口上，或是将捣碎的烟草叶敷在伤口上。使用了这一神圣药草后，神灵为他们减轻了可能致死的悲伤、疯狂与意外，驱除了他们身上的邪灵，驱散了怨恨的力量，治愈了身上的伤口。当地的岛民都知道烟草有这种魔力，他们对这种魔力非常崇拜，也确实有将烟草用到其他伤口和患处的习俗。这种伟大的疗伤之药可以在绝境中拯救他们，因此，他们会带着烟草与狂徒战斗，这会让他们对狂徒无所畏惧。（Monardes 1925：81）

---

[1] 莫纳德斯推荐用烟草治疗口臭，这在当代读者看来可能不可思议，但中世纪时的烟草味很可能比当时常见的口臭味更好闻。

上面这段描述令人费解。根据我的理解，某些"狂徒"（莫纳德斯没有指明他们的国籍）袭击了一群西班牙人和美洲原住民，造成多人伤亡。幸存者或是将烟草汁涂在伤口上，或是将碾碎的烟叶敷在伤口上。莫纳德斯说，此举不仅治愈了他们的伤口，还驱除了伤口中的"邪恶"根源。此处，我将"治愈伤口"和"驱除邪灵"分开来说，确实有误导性，毕竟在莫纳德斯看来，这二者似乎不可分割，为读者们明确这一点至关重要。

将烟草塑造成神圣的万灵药恰恰证明了，欧洲人并非不受美洲原住民烟草观及烟草使用观的影响，他们只是有选择性地采纳了其中的核心观念，并在再加工后，将它们融入了欧洲中世纪及近代早期主流的宇宙观之中。美洲原住民烟草信仰中的许多要素也借此幸存、延续了下来。美洲原住民的观念在某些方面确实与欧洲传统宇宙观存在大量相似之处。当时的欧洲人认为疾病与恶魔有关，美洲原住民则普遍认为疾病是邪灵所致，这二者之间其实差别不大。同理，正如威尔伯特（1987：156）所言，欧洲人在看到烟草萨满通过"死"而"复生"来为自己的族人服务时，感觉"十分不安，这令他们想起了自己宗教的核心教义"。

烟草是万灵药的观念之所以能得到普遍认可，烟草的使用之所以会被纳入体液医学框架之中，莫纳德斯等顶尖医学权威确实起了巨大的推动作用，但若将欧洲早期烟草观念的形成简单归因于这些个体，那就是在误导读者了。这些观念的形成本就涉及诸多理当考虑的过程。历史文献似乎忽视了一个重要因素，该因素用威尔伯特（1987：181）的话来说就是烟草天然的作用。威尔伯特指出，美洲原住民广泛使用烟草的一个重要原因与烟草这种植物本身的物理特性和药理特性有关。以原住民常用的一种烟草使用方法为例：

> 　　未经加工的烟草也可以用来［清除］疾病……把这种植物直接放进待播的种堆里，或让人随身携带，可以发挥杀虫剂的作用。基于这一点，人们自然容易认为烟草也能对抗各种天然的和超自然的病因。这一观念在烟草萨满的烟草使用方式上体现得尤为明显，烟草萨满会将烟草制剂涂抹到患者的皮肤和外部黏膜上。……尼古丁会通过被动扩散，迅速经皮吸收，产生局部疗效或全身疗效。尼古丁确实能够穿透毫发无损的皮肤、破损的皮肤和外部黏膜。南美印第安人正是利用这种给药途径，将烟草的烟雾、汁液、粉末和叶片用作体外杀虫剂和体内驱虫剂，用于辅助生育和繁殖，以及用于减轻疼痛和治愈伤病。上述有关尼古丁局部给药行为的认知，容易给人一种使用烟草比

找赤脚医生看病更有效的感觉。(185—186）

烟草植物的这种物理和药理特性，或许也提供了一些经验证据，让欧洲社会更加确信了它的万灵药地位。比如，人们吸入的烟草烟雾是温热、干燥的，这与莫纳德斯确定的烟草体液本质相符（莫纳德斯认为烟草的体液本质是二级干热），因此部分印证了莫纳德斯的理论。此外，吸烟常常诱发咳痰，这支持了烟草可以排出过多寒湿体液的观点。烟草植物天然的镇痛和杀虫属性，也是它被确认为重要药用植物的"功臣"之一。

烟草的物理和药理特性与它的心理作用相辅相成，可能确实拥有过显著的治疗价值。当代科学倾向于将烟草使用的效果和作用简单归结为一般性的生理过程，大大忽视了烟草在不同社会文化环境中可能天差地别的体验方式，进而否认了这种植物在中世纪晚期发挥过的真正的治疗作用。欧洲在16世纪和17世纪时所用的烟草品种，无论是尼古丁浓度还是成分，都与现代商用烟草品种相去甚远，若把莫纳德斯等人宣扬的烟草益处一概视为无知迷信或江湖骗局并不明智[1]。不过，在中世纪末、

[1] 换言之，相比于16世纪和17世纪所用的烟草品种，现代商用烟草品种的药理特性很可能数量更少、效力更弱。

近代初的欧洲，烟草的物理和药理特性很可能只是发挥了**引导与证实**的作用，**引导**人们从体液理论角度理解烟草使用，并充当证据**证实**了这些理解；而非在确立已久的医学范式内建立了新的理论框架。

后来，哈里森（1986）又发现了一组推动烟草使用体液论形成的因素。哈里森认为，对中世纪末、近代初的医生来说，将烟草视为一种完全符合当时主流医疗理念的强效药物对他们非常有利，这"为限制烟草使用提供了理论根据"（Harrison 1986：557）。当时，医生们热衷于控制烟草的使用，他们常常警告人们，不要滥用或**无管制地**擅用这种强药效植物。下文摘自伯顿（Burton）的《忧郁的解剖》（*Anatomy of Melancholy*）：

> 烟草！神圣、稀有、超优质的烟草，它远远超过了其他所有的灵丹妙药、可饮用的黄金和贤者之石，它是至高无上的药物，可以治愈一切疾病！我承认，它是很好的催吐剂，如果品质合格、适时服用、仅供药用，它就是一种益草。如果大多数男人都沉迷其中，一如"补锅匠沉迷于麦芽酒"那样，它就是一种瘟疫、一种灾祸、一场对财物、土地和健康的暴力掠夺，这样地狱般、魔鬼般可恶的烟草，是对身体和灵魂的毁灭与颠覆。（引自 Alexander 1930：89）

这些反对烟草滥用的警告为国家限制烟草使用提供了依据，反映了另一群人的利益：

> 有人认为，男人们可能会像"补锅匠沉迷于麦芽酒"那样沉迷于烟草，这一观点传达出了一种恐惧：沉迷吸烟可能会像沉迷酒精一样，摧毁劳动力的生产力。在詹姆斯一世统治之初，人们非常担忧饮酒会对劳动阶级的纪律和生产力产生不良影响。1606年的一项法案首次将酗酒定性为刑事犯罪，人们指责过度饮酒是"破坏许多优秀艺术行业和体力贸易行业"以及"使潜水工人致残"的罪魁祸首。其实，早在1604年就有人用完全相同的话评价过烟草，并以此为理由要求通过"良性征税"或税收机制减少烟草进口，防止大多数民众的健康受到"损害、身体变得虚弱、丧失劳动能力"。（Harrison 1986: 555）

在烟草传入欧洲后，人们很爱拿饮酒与吸烟做对比，这一点也反映在当时对吸烟行为的语言描述中。比如，人们一般会说吸烟者是在"饮"（drink）烟（Apperson 1914: 16; Fairholt 1859: 56）。莱西（Lacey, 1973: 102）也曾写道："在［第二代］埃塞克斯伯爵（Earl of Essex）的审判（1600—1601）期间，法国大使亲眼见证了贵族

[陪审团]是如何因吸烟而变得'愚蠢'的。"相关的图画证据也有很多。正如威科夫（Wyckoff 1997）所写："[这个时期的]首次'饮'烟者必须得先适应烟味，正如饮酒者要先适应酒味一样。他们往往会纵情'饮'烟，还时常烟酒同享。根据许多图像的记录，人们在烟、酒之后，都会出现呕吐、步履蹒跚、行为失控和精神恍惚的情况，这证明了烟酒之间的关联。"确有历史资料表明，16世纪末、17世纪初之人所用烟草比当代西方常用的烟草品种要烈得多（Schivelbusch 1992）。烟草有过众多名称，其中就有**醉草**（*Herba Inebrians*）一称（Dickson 1954：17）。

推动烟草使用体液医学论形成的过程显然十分庞杂，但上述旨在控制烟草滥用的倡议对我即将论证的观点至关重要。我认为：这些倡议标志着烟草使用刚刚迈入了一个新的阶段，在这一阶段，人们使用烟草的目的逐渐从追求失控和致醉，转变为追求自我控制。下面，我将更详细地探究这一观点及其相关过程。

欧洲早期的烟草使用

如前所述，在16世纪末、尤其是17世纪初的欧洲，一些医学界大佬其实是鼓励和提倡使用烟草的，烟草也在各社会阶层中迅速得到了普及；当时，烟草的使用确实"很常见"。我将在本节探究两个相互关联的过程：第一个是烟草使用行为的变化过程——英国上层社会试图将自己的烟草使用行为与他们眼中的下等人**区别开来**，这推动了烟草使用行为向更区别化、更精致化、更个性化的方式转变；第二个是烟草身份的转变过程，从致醉剂向自我控制工具的转变。

正如第 1 章所述，欧洲人想要的是美洲原住民烟草中最温和、最适口的品种。事实证明，美洲原住民所用烟草对欧洲人来说效力太强，因此，殖民者在发现美洲后不久，便开始培育更温和的烟草品种，这些培育者中就包括弗吉尼亚殖民地的约翰·罗尔夫（John Rolfe）爵士 [1]（Koskowski 1955: 58）。不过，就算是经他们培育的弱化版烟草，其效力之强仍是当代烟草品种完全无法比拟的：17 世纪初确有报道称，有人吸烟致死。比如，《英国政府档案历（国内）》[*Calendar of State Papers（Domestic）*] 中有一条（1601 年 12 月 29 日）写道："有个叫杰克逊的人突然死亡，他生前经常出入小不列颠街，外科医生将其解剖后判定，他的死因是过量吸入烟草烟雾"（引自 Harrison 1986: 554）。科斯科夫斯基

---

[1] 我旨在证明欧洲人对更温和烟草的偏好并不只是因为与原住民的"口味"不同。

（Koskowski 1955：90）甚至认为，吸烟猝死事件相对常见："有人会因打赌一次能吸多少斗烟而吸烟致死，这种情况非常常见。在那个年代，孩子叼着烟斗坐在餐桌旁的情况也很常见，因此也经常有儿童吸烟死亡。"尽管我们并不清楚那些人的确切死因，但从这些叙述中或可看出，在烟草传入早期的欧洲，人们因吸食高尼古丁含量烟草而急性中毒的事件频发。当然，导致吸烟者中毒的罪魁祸首也可能是烟草中的其他有毒物质。从17世纪初开始便有人往烟草中掺杂大量其他物质，他们的目的各异：增强烟草的效力；制成不同口味或香气的烟草产品；通过增加这种相对昂贵的商品的重量，牟取更多利润。正如布鲁克斯（Brooks）所言：

在英国，［烟草的］"掺假"始于伊丽莎白一世女王统治末期，并在短短半个世纪内发展到了非常夸张的地步，以至于在1644年，伦敦市长多次收到众多商贩的请愿，请求市长代他们向议会表达他们对烟草"造假者"的不满。有的造假者将"淀粉、染液、油、穗 [1]"与烟秆混合，冒充纯烟草售卖。有的造假者则是将烟

---

[1] 这里提到的"穗"（spike）很可能是磨碎的玉米穗、小麦穗或大麦穗。"给酒（或饮料）里偷偷掺……"（to spike a drink）这一短语可能就来源于此。

叶与小煤块、灰尘等混合，冒充未掺杂其他物质的烟草制品出售，售价约为诚实经销商售价的四分之一到一半。（Brooks 1937—1952：124）

烟草掺假的情况在 1612 年时就已相当普遍，本·琼森（Ben Jonson）1612 年的戏剧《炼金术士》（The Alchemist）就是例证之一，下面是剧中对主人公"艾贝尔·德拉杰"（Abel Drugger）的介绍：

> 他让我用了上好的烟草，
>
> 他没有在里面掺杂劣质烟叶或油，
>
> 没有用麝香葡萄酒和染料洗涤它，
>
> 没有用油腻的皮革或尿湿的尿布包裹它，埋于砂砾之下；
>
> 他将它存放于精致的容器中，瓶身上是美丽的百合花，
>
> 一打开，便是一股玫瑰花蜜饯或法国青豆蜜饯的香气。
>
> 他用的是枫木块、银钳、温切斯特烟斗和刺柏木燃烧的火焰。
>
> 他是一个衣着干净、整洁、为人诚实的家伙，不是个金匠。（引自 Mack 1965：48）

其他资料指出，欧洲早期烟草中掺杂的物质远比上述提到的多，尤其是在鼻烟中（鼻烟在 17 世纪末和 18 世纪的英国更常用），掺杂的物质包括铅、砷、氰化氢、溴化物、碘、汞、巴比妥、安替比林、水合氯醛、氢氧化钾、氯酸钾、苯甲酸、咖啡因、士的宁、阿托品、干曼陀罗叶、可卡因、印度大麻麻醉剂和阿片类药物，其中许多都有很强的毒性（Koskowski 1955：99—100）。这些添加物，尤其是与高浓度尼古丁混合后，可能才是导致前文所述中毒反应的元凶。

由此可知，16 世纪至 18 世纪欧洲所用烟草的毒性要比现今商用烟草品种强得多。从历史资料中可以看出两点：第一，那一时期的烟草及其使用处于一种相对**无管制的状态**；第二，在 17 世纪的欧洲各国中，这种吸烟行为相对缺乏管制且近乎无处不在的情况在英国最为严重。以德国为例，吸烟行为在德国各社会阶层中的普及要追溯到快 17 世纪末时，德国对英国烟斗吸烟行为的效仿（Koskowski 1955：62）。下文来自社会历史学家佩恩（Penn），他引用了一名法国人 1671 年到英国旅游时对英国烟草使用情况的描述：

用完晚餐后，他们在桌上放了半打烟斗和一包烟草，这是英国男女普遍都有的习惯，他们觉得在英国没有烟草是活不下去的，因为烟草能够排出脑子里的有害体液。在我认识的人中，有一些并不满足于只是白天吸烟，他们就连上床睡觉都叼着烟斗，还有一些人会在半夜起床吸烟，烟草带给他们的快乐丝毫不逊于希腊葡萄酒或阿利坎特葡萄酒所能带来的快乐。……当我们在（伍斯特）镇上四处闲逛时，他问我法国是否也有和英国一样的习俗：孩子们每天上学时，书包里不仅有课本，还会装上一只烟斗，母亲一早就会将这只烟斗填满，烟草会代替他们的早餐；所有孩子都会在每天同一时间放下课本，拿出烟斗，点燃吸食；校长认为吸烟对人的健康来说必不可少，因此也会和孩子们一起吸烟，并向他们展示握持烟斗和吸烟的正确方法，好让他们从小就习惯吸烟。（Penn 1901：78—80）

佩恩继续写道：

M. 若雷万·德·罗什福尔（M. Jorevin de Rochefort）[法国游客]的故事不是旅行者的谎言，也不是一个过于轻信的法国人被一个满口谎言的英国人洗了脑。那个时代留下的大量记录，足以证明罗什福尔所言非虚。赫恩（Hearne）的日记中也提到过伦敦大瘟疫期间的烟草使用，"就连孩子都会被迫吸烟。我记得之前曾听时任教区执事助理的汤姆·罗杰斯（Tom Rogers）说过，[1665年]瘟疫肆虐之时，他还在伊顿公学念书，当时，学校要求所有男生[1]每天早上都要吸烟，而他一生中受过最严重的鞭打责罚就是因为有天早上没有吸烟"。（80）

正如佩恩所言，当时的那场瘟疫大大推动了17世纪的烟草普及，人们以为烟草可以预防鼠疫（1901：78）。当时的烟斗后来确实以"防瘟疫烟斗"之名广为人知（Apperson 1914：78）。烟草被当作鼠疫预防药物一事可见于塞缪尔·佩皮斯（Samuel Pepys）的一篇日记。他写道：在发现一些房屋外出现了瘟疫十字架的标记后，"[我]也产生了身体不适、嗅觉不灵的感觉，因此不得不买一些卷烟来嗅闻、咀嚼。这种做法消除了我内心的恐惧"（引自 Hirst 1953：44）。17世纪时，人们相信光是看见鼠疫患者就会被传染（45）。同理，"有害"的气味也有传染性。根据赫斯特（Hirst）所言，"中世纪时人们认为，如果患者的体液中充满了腐败物质，那他们呼出的气体也带毒素，身体也会排出毒素，这些毒素会

---

[1] 伊顿公学是男校。——译者注

聚集在他们身体周围，将他们整个笼罩起来。因此，不仅是与患者的直接肢体接触危险，光是靠近他们就很危险"（46）[1]。人们认为，烟草可以"熏杀"空气中的有害

---

[1] 值得注意的是，当时之人对传染病的这种理解与现代细菌致病理论相去甚远。正如赫斯特所言，在法兰卡斯特罗（Fracastor）［首批著书立说，提出完整传染病理论的医生之一］之前，似乎没有人（盖伦当然也不例外）认真思考过传染病这一概念的含义，人们总觉得传染病与魔法和污浊空气［疾病存在于"空气"中的观点］密不可分。有传染性的人是污浊之气作用的中心，这一观点与现代解释疾病的细菌致病理论截然不同。每个被感染的个体都是一个新增的自生活体微生物工厂，且往往可移动，因此，只要处于有利于病菌传播的条件下，他们每个人都有能力引发一场新的流行病疫情……现代的流行病学认为，确有许多流行病取决于空气状况；但这一观点的含义与前人所想象的大不相同。（Hirst 1953：47）古德斯布洛姆（Goudsblom）曾说，历史学家在以中世纪为主题写作时，常常错误假定人们具备当时并不存在的传染病知识，"我们可能太过容易犯一种错，那就是基于现代科学对传染病及其传染机制的洞见来解读当时并不具备这类知识的人。就连非常著名的医学史家乔治·罗森（George Rosen 1958：63—66）也是如此，他在描写中世纪对待麻风病患者的做法——隔离——时，也倾向于认为，这是基于对传染的充分了解，为降低传染风险而做出的尝试"（Goudsblom 1986：165）。古德斯布洛姆指出，事实并非如此。中世纪时，人们对麻风病患者的态度是在两种极端之间摇摆不定，时而绝对排斥，时而"自发地关爱"。在某些宗教节日里，针对麻风病患者的禁足令会被取消，他们可以去见当地任何自己想见的人（167）。显然，这违背了现代科学对传染性病菌的理解。

气味，逼出吸烟者体内的"腐败体液"，从而消灭或"纠正"传染性病原体。烟草被视为"至高无上的圣药，可以对抗来自海上或陆上的传染性空气、瘟热、恶臭和瘟疫……"；确实有人指出，"在预防和对抗瘟疫及其他所有传染性瘟热方面，只有吸烟得到了医生们的普遍认可和推荐"（Parker 1722：13）。这种烟草观也可见于 W. 肯普（W. Kemp）1665 年所写的《有关瘟疫本质、病因、迹象、预防和治疗的简要论述》（*A Brief Treatise of the Nature, Causes, Signes, Preservation from and Cure of the Pestilence*）之中：

〔烟草〕具有独特且截然相反的效用，它能够让寒冷之人暖和起来，也能够让燥热之人冷静下来。无论男女老幼，无论体质如何，无论是胆汁质、多血质、黏液质还是抑郁质的人，都可以随身携带它，十分方便。它能止渴，也能提升人的酒量，它能减轻饥饿感，也能提振食欲。无论快乐还是悲伤，无论是要尽情享用美食，还是要节食，烟草都是绝配。它能让需要睡眠的人好好休息，能让昏昏欲睡的人保持清醒。一些人讨厌它的气味，另一些人觉得它的气味比任何香水都更令人神往。经验和理性都告诉我们，烟草是最棒的疾病预防措施。用烟草熏杀，可以消灭空气中的有害物质。用烟草刺激唾液分泌，可以排出腐败的体液。无论是直接咀嚼烟叶，还是用烟斗来吸食，烟草都能帮助吸烟者将身体各处的有害体液抽出，送到胃里，然后再从胃里送到口腔，一如送入净化器一般，最终，这些体液会被烟草净化，然后由吸烟者吐出。（引自 Apperson 1914：76—77）

上文还有一个有趣之处，它证明了在当时，尤其是在 17 世纪下半叶，有些作家赋予烟草的特性比莫纳德斯等人最初赋予烟草的还要多。在这些作家眼中，烟草不再只是"二级干热"之物，它既可以令人冷静，也可以给人温暖，既可以止渴，也可以"提升人的酒量"。此外，上文似乎再次证明，当时的社会相对缺乏对烟草使用者年龄和性别的限制。不过，此处的证据并不具有决定性。古德曼（1993：62）指出，关于 19 世纪以前是否存在对烟草使用者性别或年龄的任何限制一事，目前尚有争议。17 世纪时，包括詹姆斯·哈特（James Hart）在内的一些医学权威遵循莫纳德斯对烟草体液本质的定义，建议儿童和孕妇这两类"脑热"人群远离烟草。哈特坚持认为，烟草有升温、干燥的作用，儿童和孕妇使用可能存在危险。最适合使用烟草的是"大脑寒、湿的"大龄男性，尤其是居住在"潮湿、沼泽、水源……之地的大龄男性，比如，住在荷兰或英国林肯郡的那些"（引自 Goodman 1993：61）。就算这类建议真的是当时的主流观念，但正如我们所见，有大量稍带轶闻属性的历史资料表明，人们可能并没有采纳这类建议。为了证明这一点，可参考阿珀森提供的一个极端例证，他引述了利兹古董商人拉尔夫·索尔斯比（Ralph Thoresby）的故事。索尔斯比称，1702 年的某天夜里，他和弟弟[1]相约咖啡馆，亲眼看到弟弟"体弱多病的 3 岁孩子往烟斗里装烟草，并像 60 岁的老人那样，用很老派的方式吸了起来；一斗吸完，又毫无顾虑地吸上了第二斗、第三斗，据说他已经吸烟一年多了"（Apperson 1914：92）。阿珀森对 3 岁男孩能连吸三斗烟之事持怀疑态度，但就算这个故事有所夸大，从中似乎也能看出当时并没有要求人们统一遵守的烟草使用禁令，且很可能存在幼童吸烟的情况。

古德曼总结道，就算当时存在任何限制烟草使用的禁令，那些禁令也都不受重视，并不重要。售价、可

---

[1] 英文的"brother"体现不出年龄关系，又没有具体人名，未考证到此处是哥哥还是弟弟，暂译为"弟弟"。对拉尔夫·索尔斯比感兴趣的读者，可阅读：https://www.thoresby.org.uk/content/thoresby.php ——译者注

得性等才是限制烟草扩散速度和传播范围的更大因素（Goodman 1993：63）。不过，就连这些因素的限制性也随着国内外烟草供应量的不断增加而不断削弱。正如古德曼所言，"有充足的文学和绘画证据证明，烟草的使用自 17 世纪初开始就在所有社会阶层中普及了开来"（60）。

　　欧洲人在使用烟草方面与美洲原住民有一点很明显的不同，那就是烟草的使用不再只是成年男性的追求：女性和儿童中也有吸烟者，只是这一行为在这两个群体中的流行程度尚不可知。此外，与美洲原住民相比，欧洲人用的烟草更温和、效力更弱，且每次吸烟所用的烟草量更少，但吸烟频率更高，时间也不固定。不过，差异虽然存在，欧洲人还是有选择性地采纳了美洲原住民的某些烟草观和烟草使用方式。尤其是将烟草视为象征友情纽带的礼物这一观念，在欧洲得到了广泛认可。烟斗制造商协会（Society of Tobacco-Pipe-Makers）在 1620年成立之时就选择以"让兄弟之爱延续下去"为座右铭（Apperson 1914：44）。1604 年，詹姆斯一世写了一本著名的反烟草专著《对烟草的强烈抗议》（*A Counterblaste to Tobacco*），书中内容也证明，当时十分流行通过给别人递烟来表示友好；烟草已经成为了"是否好相处的象征，某人就算更喜欢独自吸烟，也不好拒绝同伴递烟，否则会被看作不好相处的坏脾气之人，一如东方社会对是否接受他人敬酒的看法一样。女主人若要得体地向仆从表示友好，再没有比亲手递上一根填满烟草的烟斗更好的方式了"（James Ⅰ 1954：34）。

欧洲早期的烟草使用体现的是一种礼俗式吸烟社会 ["礼俗社会"是斐迪南·滕尼斯（Ferdinand Tönnies）提出的最重要的术语之一]：吸烟群体会聚在一起，共享烟斗，交换烟草使用的体验和知识。当时的吸烟者确实爱聚在烟草店、药房、小旅馆或"麦芽啤酒酒馆"之类的地方一起吸烟，在接近17世纪末时，咖啡馆也成了他们热衷的聚会场所（Apperson 1914：81；Hackwood 1909：361）。但古德曼（1993：67）指出，从历史资料中也能看出烟斗吸烟行为的复杂性。一方面，人们会在社交场合"公开"吸烟，在16世纪末到17世纪初时还出现过吸烟俱乐部，甚至是吸烟学校；但另一方面，有大量图片证据表明，人们私下也会吸烟，这类吸烟行为"局限在家里"。据古德曼推测，私下吸烟可能更多是为了治病，公开吸烟则更多是为了消遣娱乐。不过，古德曼在理解17世纪的证据时，似乎默认当时和现在一样，都对私人空间与公共空间有着明确的划分，只有这样，他才会得出上述结论。但事实是，17世纪的私生活与公共生活之间远没有如今西方那么明确的分界线。当时，吸烟在欧洲许多地区都是一种高度社会化的行为，就像在美洲原住民中一样。

在 16 世纪和 17 世纪，欧洲人对美洲原住民信仰及行为的态度有点自相矛盾：一方面，许多欧洲人觉得自己更"文明"，不像美洲原住民"部落"那么"原始"，且距今时间越远的欧洲人，这种观念可能越强烈；另一方面，无论是在过去还是现在，我们都经常听到一种观点，即原住民拥有我们已经丧失或从未发现的智慧。这些观念的冲突有多种表现形式，这一点在 17 世纪有关烟草使用的文献中尤其显著。烟草反对者企图利用这种矛盾心理反驳烟草这种植物很神圣的说法。在这方面，詹姆斯一世仍是一个很好的例证：

现在，善良的国民们呀，我请求你们，与我一同想一想，面对那些未开化、不信奉上帝、一味盲从的印第安人，什么样的荣誉或政策才会促使我们去模仿他们野蛮、兽性的行为，尤其是那么肮脏、恶臭的习俗？……和平时期，我们享受过长久的文明与富裕，上了战场，我们又是出名的战无不胜，无论和平还是战争，我们总是备受幸运之神的眷顾，我们曾拥有帮助邻国的能力，但又不会因为这一能力让邻国听不到我们祈求帮助的声音。这样的我们是否应该毫不脸红地自甘堕落，竟然效仿那些野蛮的印第安人——西班牙人的奴隶、世界的垃圾、不在上帝神圣契约之内的人？我们为什么不连他们赤身裸体行走的习俗也一并效仿呢？我们为什么不像他们那样愿意用黄金、宝石交换眼镜、羽毛等玩意儿呢？是的，我们为什么不像他们那样否认上帝、崇拜魔鬼呢？（James Ⅰ 1954：12—13）

迪克森（Dickson，1954：30）指出，烟草之所以被攻击为"魔鬼的发明"，可能部分源于来到美洲的欧洲人曾亲眼目睹烟草在萨满仪式中的使用。迪克森的观点似乎有历史资料的支撑。以米兰的吉罗拉莫·本佐尼（Girolamo Benzoni）为例，他在《新大陆的历史》（*History of the New World*，1573）中记录了伊斯帕尼奥拉岛（the Island of Hispaniola）岛民使用烟草的方式：

每到［烟草］叶子采摘的季节，他们就会将其采下，捆起来，一捆一捆地挂在壁炉附近烘干，烘得非常干燥；想用烟草时，他们就会取来一片玉米叶，将一捆烟叶放入其中，紧紧卷在一起；然后将烟卷的一端点燃，另一端放入嘴中，大力吸气，将烟雾吸入口腔、喉咙和脑袋，并让它们尽可能久地停留在那里；他们从中发现了乐趣，因此会不断地用这种残酷的烟雾填满自己，直至失去理智。有些人会因吸得太多而瘫倒在地，就像死了一样，醒来后，大部分时间（不分昼夜）都神情呆滞、神志不清。有些人则是点到即止，吸到头晕目眩就满足了，不会再多吸。瞧瞧，这东西多么有害啊，一定是来自魔鬼的邪恶毒药。（引自 Fairholt 1859：19）

莫纳德斯是烟草的主要支持者之一（如前文所述），他认为烟草是一种有治愈作用的神圣药草，然而就连莫纳德斯都有过与此观点矛盾的描述。下文是他对美洲原住民萨满如何使用烟草的描述：

［他］取来一定量的烟叶，扔进火中，然后拿一根植物的茎将烟叶燃烧的烟雾吸入口中和鼻腔中，吸入之后，他便跌倒在地，如死人一般，这个状态会保持多久取决于他吸入的烟量。待这种药草的药效散尽，他便会"死"而复生，苏醒过来。他会根据自己吸烟时看到的幻象，给出人们等待的答案，以及他认为或魔鬼告诉他的，对这些答案最好的解读。这些解读永远模棱两可，这样一来，无论最终的结果如何，他们都可以声称结果与最初的答案相符。

其他印第安人也会在消遣时吸烟，用烟草麻醉自己，让自己看到幻象，并从幻象中获得愉悦；有时，他们还会借此了解自己的事业与成功，他们能在被烟草麻醉后看到自己想要看到的幻象，从中判断自己的事业走向。魔鬼总爱骗人，又了解各种药草的益处。魔鬼确实曾向印第安人展示过这种药草的益处，展示过利用它看到自己想看之事的方式。魔鬼也确实会利用这一手段让他们看到自己想让他们看到的东西，从而蒙骗他们。（Monardes 1925：85—86）

莫纳德斯这段描述所想表达的意思可能是，魔鬼企图利用这种神圣的药草来实现他自己的目的。换言之，莫纳德斯可能想说，自己遇见的美洲原住民被魔鬼诱入了歧途，但通过他巧妙的解释，烟草与邪恶力量之间的联系只存在于美洲原住民的萨满仪式中。莫纳德斯这番描述的自我矛盾之处在于，他一方面希望将烟草塑造成神圣的药草并加以利用，另一方面又希望将"回忆中"美洲原住民那些"令人不安的"死而复生之举与基督教的中心教义区分开来。

从上述探讨中可以清晰地看出，欧洲人一方面在有选择性地效仿美洲原住民的行为，另一方面又迫切希望将他们眼中"粗鲁""不信奉上帝""动物一样"的原住民与自己区分开来（Brooks 1937—1952：53）。此外，在17世纪的英国，随着吸烟行为的日益"普遍"，社会上层吸烟者们也开始越发明显地寻求与自己眼中下等人的区别化。正是在这种背景下，人们开始制定日益复杂的烟草使用方法。

正如阿珀森所写：

在这一时期［17世纪初］，有关吸烟最值得注意的一点或许是它的时髦性。风流公子（女性的情郎、爱臭美的男子或时髦的男子）的显著特征之一就是热爱烟草。厄尔（Earle）说，风流公子是为他的衣服而生，但衣服只是他装备的一部分。1597年，霍尔主教（Bishop Hall）讽刺追逐时髦的年轻人，称他们会放纵享受美味佳肴，会"痛快地吸入一整根烟管的烟雾"；老罗伯特·伯顿（Robert Burton）讽刺地列举了"一个完全合格的绅士"的成就："优雅地吸烟"、驯鹰、骑马、打猎、打牌、掷骰子等。1603年，另一位作家将成为风流公子的条件描述为"长得好看、擅长吸烟、擅长吐痰、擅长撒谎、笑如矜持淑女、绝不会感觉羞愧、对小人物颐指气使、连嘲笑他人都十分优雅……如果需要的话，还可以再加一

条，擅长骑马"。(Apperson 1914: 25—26)

17 世纪的风流公子在使用烟草时会用到一整套华丽精致的工具：一些专门存放烟草的盒子，有金的、银的、象牙的；一个放烟斗的箱子，有的箱子会在一侧装上镜子；一根清洗斗钵用的拨子；一把用来切碎烟草茎的刀或一块用来碾碎烟草茎的枫木块；一把烟草钳，用来将滚烫的煤块夹起，放入烟斗一端，点燃烟草 [1]；一把长柄勺，用于挖取鼻烟，送入鼻孔；一个打底漆的铁器，用于处理烟斗，以备使用；当然还有烟斗本身，一般都是陶土烟斗（Apperson 1914: 26—27; Brooks 1937—1952: 52—53）。此外，17 世纪初的吸烟者会共享烟斗（Apperson 1914: 26）。这也与烟草使用的社交性有关；风流公子聚在一起吸烟时，存在一定的友好竞争，那场景很像今天鉴赏家们聚在一起品鉴上等葡萄酒的样子。他们会比较谁更了解现有的烟草类型和品种。费尔霍尔特从德克尔（Dekker）的喜剧《风流公子》（*Greene's Tu Quoque*，1614）中找到了一个共享烟斗的例子：

---

[1] 没有火柴时，这是点烟斗最常用的方式之一。阿珀森指出，在他自己写作的那个时代，"乡下人"仍然保留着用火钳夹取燃烧煤块来点烟斗的做法（1914: 42）。

故事发生于伦敦一家时髦的小酒馆[1]，一些"放荡之人"聚在这里，其中一人问另一个正在抽烟的人："可以把您的烟给我抽抽吗？"对方回道："乐意之至，先生。"那人在抽了一两口后，情不自禁地惊呼道："这管烟可真是棒极了！"烟的主人也大声肯定道："这是这屋子里最好的。"那人有些惊讶地问道："您是在这屋里拿的吗？我以为是您自己带的；那它现在可不像我刚才所说的那么好了！"[2]（Fairholt 1859：60—61）

阿珀森指出：

合格的风流公子不仅自称对烟斗和烟草充满好奇、了若指掌，还会了解药剂师[3]那里和其他铺子中的烟草售价及价格波动，以及最新、最时髦的

---

[1] 这里所说的"烟草小酒馆"可能是指吸烟俱乐部，或者是吸烟者饭后聚会的小酒馆，这类小酒馆在"圣保罗大教堂附近有许多"（Apperson 1914：27）。

[2] 这种共享烟斗并友好竞争的做法与卡鲁克人"在路上"相遇时分享烟斗的做法非常相似（引自第1章），这再次证明，欧洲人采纳了美洲原住民用烟草表达友好的习俗。

[3] 在当时，药剂师卖烟草是很正常的（Apperson 1914：27）。

吞吐烟雾的方法……由此储备"广泛且独特的"知识。只有这样的知识，才能为这些风流公子赢得声誉与尊重，这些绝不是光靠学识和学问就能获得的。（Apperson 1914：28）

尽管阿珀森声称，这些优雅而特殊的吸烟方式是没有正规学习渠道的，但在 17 世纪还是涌现出了大批的吸烟艺术家，初学者只需支付一笔费用，就能从他们那里学到自己所需了解的一切，成为真正风流倜傥的吸烟者。布鲁克斯举过一个例子，那是 1600 年的一则"烟草导师"广告，来自本·约翰逊（Ben Johnson）的戏剧《人人扫兴》（*Every Man out of his Humour*）。在这则广告中，一位"吸烟先生"说：

［他］会将"最绅士的烟草使用方式"传授给初学者，帮助他成为"最杰出的风流公子……"，这种方式是："首先，给它洒上最高雅的香水；然后，了解所有能品尝其美妙口感的吸烟方式，比如，能够带来绝妙体验的古巴埃博里辛（Cuban Ebolition）吸烟法、尤里普斯（Euripus）吸烟法和威夫（Whiffe）吸烟法；他需要来伦敦学习，但如果觉得满意，可以将学到的方法带去阿克斯布里奇或更远的地方享

受。"（Brooks 1937—1952：54）

　　阿珀森也提到了同一个例子，并解释道："有人提出，威夫吸烟法可能指的是把烟吞下去，或者让其在喉咙里停留特定的时长；至于'古巴埃博里辛'或'尤里普斯'的含义，或许最好留给人们自己去想象了。'埃博里辛'（ebolition）就是'冒泡'（ebullition）一词的变体，指的可能是快速吞吐烟雾的滑稽场面——像在冒蒸汽泡泡一样，但古巴又是什么意思呢？"（1914：49）阿珀森接着说，"我们这边年长的作家"有时会用"尤里普斯"（euripus）来指代危机四伏、激流难料的水域。因此，他提出，"这个词与烟草之间的关联可能与'埃博里辛'与烟草之间的关联类似，都与激烈的吸烟行为有关，但具体含义并不清楚"（同上）。尤里普斯可能指的是脑袋中"难以预料的激流"：因快速、深入地吸入烟草烟雾而产生的"头脑激流"。有趣的是，尤里普斯一词的使用似乎暗示，风流公子的烟草使用存在一定程度的虚张声势、冒险与兴奋。也就是说，尤里普斯可能是将吸烟者承受脑内激流的过程比作了在危险海域中的英勇航行。

　　另一个例子来自塞缪尔·罗兰兹（Samuel Rowlands）的《一对间谍无赖》（*A Paire of Spy-Knaves*，约 1610 年）。

《一对间谍无赖》讲述了一个乡下人到伦敦旅游，被一个假装教他如何吸烟的无赖欺骗了的故事，"请注意观察我的动作，我将教汝如何像骑士一样吸烟[1]；像这样，通过鼻子将烟气抽出，然后说，**噗，它走了**，然后让烟雾像冒烟一样离开身体"（引自 Fairholt 1859：55）。

许多药剂师也会招收学生，传授他们使用烟斗的"技巧"，"包括如何吐出呈圆球状、圆环状等等的烟雾"（Apperson 1914：48）。阿珀森接着说，"如果该时代的作家可信，那在早期吸烟者中，有人甚至掌握了通过耳朵排出烟雾的技术，但对此，我们也可以抱持合理的怀疑"（49）。总之，历史资料给我们留下了一个深刻的印象：17 世纪的风流公子们有一套非常繁复的吸烟方法。

下面一段叙述来自德克尔的《愚人的角帖书》（*The Gull's Horn-book*，1602），清晰体现了前文探讨过的风流公子吸烟的诸多主要特征：

> 在热气腾腾的肉食上桌之前，我们的这位风流公子呀，必得先拿出自己的烟草盒、取冷鼻烟送入鼻孔用的长柄勺、烟草钳和打底漆的铁器；这些工

---

[1] "骑士"一词被用在这里十分有趣。这似乎表明优雅的吸烟方式与高的社会地位有关。其中可能也隐含反清教徒的含义。

具要么是金的，要么是银的，只要他买得起；而在他快没钱时，这些还可以随时拿去典当，十分有用。此时，你们的话题必然是号称自己比商人还了解镇上在售的烟草，还能说出去哪些药剂师处能够买到它们；接着，你们会给他机会展示自己的若干吸烟技巧，比如，如何吞烟、吐烟圈等，毕竟通过这些技巧获得的赞美才能为他赢得绅士们的不肖尊重。

（引自 Fairholt 1859：55—56）

我曾试图证明，17 世纪的吸烟体验和行为深受体液论的影响，但有关这一时期真实吸烟**体验**的直接叙述很少。不过，当时留下了大量以吸烟为主题的流行小说、戏剧、诗篇与歌曲，从中也能对吸烟有个总体印象。比如，约翰·威尔克斯（John Weelkes）《艾尔斯或奇妙的灵魂》（*Ayeres or Phantasticke Spirites*）中的一首歌曲，"再将这支烟斗填满，我的大脑会随着特伦奇摩（trenchmore）[1] 跳起舞来，它令人沉醉，我贪婪地渴求着它，我的头与脑、腰背与脊柱、关节与静脉，从所有的痛苦中得到解脱，它很好地涤荡了污秽、净化了身体"（引自 Fairholt 1859：74—75）。这里提到的"涤荡"与"净

---

[1]　当时流行的舞曲（Fairholt 1859：74）。

化"与体液论相符，即逼出体内过剩的体液。出于类似的原因，当时的吸烟者吐痰非常频繁，这符合人们对烟草具有排毒属性的认知。在当时的吸烟者中，还有一种常见且时髦的做法——用鼻孔喷出烟雾（Apperson 1914：48）。这种做法也很可能源自对烟草可以"排出大脑中有害体液"的认知。许多资料中都能见到吐痰和鼻孔喷气这两种做法。比如，1598年，一名德国旅行者在来到伦敦后留下了这样的描述："随处可见……英国人一直在吸烟。他们有专门的陶土烟斗，会在烟斗远端放入干燥到几乎能揉搓成粉的烟草；点燃烟草后，他们会将烟雾吸进嘴里，再通过烟囱一样的鼻孔喷出，一并排出的还有大量痰液和脑袋里的多余体液。"（Apperson 1914：32—33）不过，烟草使用的"娱乐性"正在逐渐加强，治疗作用正在逐渐削弱，这一变化趋势在接近17世纪末时尤为明显（Goodman 1993：59）。

当时的医生一直在攻击烟草滥用行为，但从西蒙·波利（Simon Paulli）《论烟草、茶、咖啡和巧克力》（*Treatise on Tobacco, Tea, Coffee, and Chocolate*）中的一段话可以看出，他们已经开始意识到自己的努力基本徒劳：

> 大多数人对待轻微咳嗽都很谨慎，在咨询医生、朋友、护士之前，不会贸然服用哪怕很小剂量的紫

罗兰糖浆或甘草糖浆。但有太多欧洲人，无须医嘱，就敢不分昼夜、不分天气状况地擅自使用高渗透性烟草烟雾，任由其干扰人体的理性中枢——大脑。让我们摒弃这种有害健康、甚至可能致命的野蛮习俗吧。[Paulli 1746: 25—26（1655 年原版）]

波利继续指出，人们若想清除体内的有害体液，还有许多比烟草危害小、影响小但同等有效的选择：

取来熄烛器中燃烧过的灯芯、发射大炮后用剩的火柴，或是沥青化的石土（尤其是荷兰的），填满烟斗吸食，也可以让你产生丰富的痰液，一如吸了一烟斗最好的弗吉尼亚烟草一样。对士兵和水手来说，吸食纸张燃烧的烟雾也能产生吸食烟草所能带来的快乐与效果……烟草会使使用者神志不清，改变其大脑原本的温度，损害大脑健康。……墨角兰、石蚕、迷迭香、琥珀[1] 等有类似属性的物质也可以清除体内痰液，而且还更安全，不会产生上述不良

_____

[1] 波利似乎是在建议人们用这些物质取代烟草，用于吸食。这里提到的"琥珀"可能是指某种油状物质，波利也许是在建议将这种油状物质添加到他提过的药草混合物中。

后果。（34—35）

17世纪时，英国政府一直在推行减少烟草滥用的举措，比如，征收高昂的烟草进口税。正如哈里森（1986：555）所言，此举的"目的是抬高烟草价格，让社会下层人士无力购买，同时又为愿意适度吸烟的'较富裕阶层'留出充足货源"。类似的举措还有立法，许多镇议会都立法禁止较贫穷阶层进入麦芽啤酒屋或小酒馆（556）——这些都是吸烟者爱去的地方，他们爱在里面聚众饮酒，共享烟斗（Hackwood 1909：377）；哈里森认为，这类立法同时对吸烟和饮酒加诸了限制。政府还通过发放烟草零售网点营业执照，限制了烟草的可得性（Harrison 1986：556）。

同一时期，其他国家也采取了众多不同形式的烟草限制措施，部分措施非常严厉。比如，1617年，莫卧儿帝国皇帝贾汉吉尔（Jahangir）下令，吸烟者一经发现，就要被施以割唇之刑；土耳其的穆拉德四世（Murad IV）则是以斩首之刑威胁吸烟者（Brooks 1937—1952：71—72）。1650年，康涅狄格颁布了《清教徒蓝色法规》（Puritanical Blue Laws），该法规规定，21岁以下者禁止吸烟，21岁以上者若想吸烟，必须取得医生出具的烟草对其有益的证明，以及法院出具的许可证。即便有了这些文件，公共场所也严禁吸烟，任何人都不得例外（Apperson 1914：64—65）[1]。

反对烟草的文章层出不穷，其中许多都沿用了詹姆斯一世专著中的思路：将烟草与邪恶联系起来，并证明盖伦学说对烟草使用的理解自相矛盾。一个格外有代表性的例子来自宫廷诗人乔舒亚·西尔韦斯特罗（Joshua Sylvestro）1620 年所写的《碾碎的烟草和破碎的烟斗》（*Tobacco Battered and The Pipes Shattered*）。请看节选：

> ［烟草］最常出现在酒馆，
>
> 卖给恶棍、暴徒和酒鬼；
>
> 他们习惯游走在**烟斗**与**酒壶**之间，
>
> （一个又干又热，另一个又寒又湿），
>
> 一旦发生小规模冲突（就像剑与匕首的交锋），
>
> 很难猜对，
>
> 哪种武器能够征服
>
> 智慧；要么是**烟斗**，要么是**酒壶**。
>
> 然而，结果显而易见，证据确凿，
>
> 两者都会用**醉**捅伤大脑……

---

[1] 有趣的是，如今北美也在经历类似的过程，越来越多的公共场所开始禁止吸烟。

总之，

这些放纵的场所，

本身就十分恶心，

再加上从他们**愚蠢的**嘴唇和鼻子中排出的恶臭与秽物，

就更是令人厌恶至极。

因此，这些酒馆，他们的流连忘返之地，

更像是地狱而非天堂：因为唯有地狱有**烟**，

不知悔改的烟草商会因此感到窒息，

但永远无法死去：他们将在那里吸烟吸个够，

而天堂没有烟，只有光与荣耀。（Sylvestro 1620：575）

这段叙述印证了我的许多核心论点。从中可以再次看出，17世纪的烟草使用与饮酒密切相关，所吸的烟草也比当今西方流行的烟草类型效力更强：当时之人认为，烟草可以"征服智慧"，并"用醉捅伤大脑"。西尔韦斯特罗还想推广一种观念：啤酒与烟草的体液属性相冲，若是烟酒并用，会发生"内部斗争"。他或许是想借此重申烟草是一种强效药物，劝人们不要在饮酒的同时滥用烟草？西尔韦斯特罗似乎一直试图用体液理论解释烟酒相冲的内在原因。最有趣的一点或许在于，他将吸烟者与"坏人"（恶棍、暴徒和酒鬼[1]）联系到一起，试图以此剥离吸烟行为身上的"时尚"标签。后文有一段延续了这一攻击思路：

> 如果吸烟是好事：
> 那为什么是最下流、最放荡、最卑鄙、最愚蠢的，
> 最铺张浪费、最放纵无度的，
> 最恶毒、最堕落、最绝望的，
> 才最渴望它；而那些最睿智、最优秀的，
> 都在憎恶它、回避它、逃离它，将它当作瘟神，
> 当作龙尾上入骨的毒药，
> 当作蛇怪的致命目光？ （Sylvestro 1620：575）

在这种背景下也就更容易理解风流公子为什么会采用极其复杂且仪式化的方法来吸烟了。很显然，他们迫切需要将自己与据说爱吸烟的不良分子区分开来，并与之保持距离。正如我将证明的，这种将吸烟与不道德和堕落关联起来的观念对18世纪的吸烟者影响最大。17世纪时，随着时代发展，人们越发相信烟草的使用与粗

---

[1] 我并不确定原文中"Tipsie–Tostie–Pot"这个词的准确含义，但它似乎等同于后来所用的"醉汉"（toss pot）一词，即酒鬼。

俗、放荡的生活方式相关（Harrison 1986：554）。比如，妓院老板会将烟斗图案用作招牌，宣传自己的店铺（同上）。尽管如此，直到17世纪末，烟草也仍在被广泛使用（参见表1）。

高额征税和大量来自道德和医学上的反对都旨在阻止烟草消费的普及，但收效微乎其微。哈里森（1986）研究过早期反吸烟运动如此失败的原因，他指出，高额征税举措基本无效的主要原因有三点：第一，关税并不适用于所有进口产品；从新殖民地进口的许多产品都能享受一段时间的关税豁免权——这是因为英国王室想要保护自己在新大陆的经济利益。1652年的国会法案也反映了这一点，该法案旨在禁止烟草在英国国内种植。该法案开头写道："近年来，本国许多地方都在大面积种植烟草，这容易导致畜牧业和耕种业的衰落，并阻碍英国海外种植园的发展……"（引自Mack 1965：4）。

第二，从上面的引文中可以看出，低价国产烟草的供应严重破坏了对进口烟草的价格控制（Harrison 1986：556）。此外，烟草种植者也成功反抗了诸多强加给他们的限制。以上面提到的禁令为例，烟草种植者通过游说，成功说服议会放弃取缔国内的烟草种植，改为对国产烟草征收每磅三便士的税（Mack 1965：5）。事实证明，烟草种植禁令的落实难度极大。正如哈里森所写，

"这种作物对西部各郡的经济非常重要，地方高级官员拒绝执行禁令；17世纪中期时，政府企图派遣军队摧毁非法种植园，但最终导致了武装暴乱"（Harrison 1986：446）。烟草已经成为广大民众谋生的关键手段。最能反映这一事实的引文如下，摘自埃弗拉德（Everard）的《万灵药；烟斗吸烟绝妙益处的发现；及其在内、外科中的使用和操作》（*Panacea, or the Universal Medicine; being a Discovery of the Wonderful Virtues of Tobacco taken in a Pipe; with its Use and Operation both in Physick and Chyrurgery*，1659）：

> 如果回想一下我们的祖辈，回想一下烟草使用为我们所知前的那不到一百年的时光，我们会不禁好奇，那会儿没有烟草，他们是如何维系生活的；毕竟对现在的这个国家来说，一旦烟草的种植和贩运受到阻碍，很可能导致数百万人因食物短缺而死，这些人的全部生计都依赖于烟草。太多的药房、杂货店、烟草店、小酒馆、客栈、啤酒屋、粮食商、运输商、烟草切割商、烟草干燥商、烟斗制造商等，都在从事烟草相关的买卖，他们将会证明，届时真正受影响的人数只多不少。（引自 Fairholt 1859：114—115）

第三，哈里森指出，烟草税是通过分包给商业财团来征收的，这意味着政府难以控制税收政策的具体执行。

归根究底，17世纪反吸烟运动失败的主要原因显而易见，"所用策略依赖于强大商业利益集团的合作，这意味着监管政策会被逐渐颠覆，最终被用于逐利"（Harrison 1986：557）。到17世纪末，烟草不仅是新大陆新殖民地的重要收入来源，是在英国从事烟草及烟草相关产品生产与零售相关工作的人的重要收入来源，烟草税本身也成为了政府收入的主要来源（556）。政府、出口商、种植商、零售商、医生、支持者、反对者、消费者及其他各种烟草消费相关人士，都被牢牢束缚在各种力量相互制衡的变化过程中，这些过程至今仍在继续。事实上，哈里森指出，"现在的公共卫生活动家"可以通过研究早期反烟草运动的命运，吸取"经验教训……许多政府仍在强调，国家需要与烟草业就烟草产品修改以及广告和赞助的监管达成协议。现代提出的几乎所有政策选择，早在300多年前就有人尝试过了"（557）。

总结一下这一节：我认为16世纪和17世纪的烟草使用与当代西方的烟草使用存在本质不同。当时所吸烟草的效力远比现代商业品种要强，且更致醉。人们最初爱拿烟草与饮酒做对比，与烟草使用有关的语言表达也反映出了这一事实。烟草逐渐走入社会各个阶层，但限制吸烟者年龄与性别的社会规范似乎很少。当时，西方人认为美洲原住民中的烟草使用者不信仰上帝，与魔鬼勾结，认为沉迷于烟草的都是些下流、粗鲁的不良分子，正因如此，英国社会的上层人士试图把自己与这些人区别开来、拉开距离。纵观整个 17 世纪，以医生为主的专业人士写了大量文章，旨在鼓励吸烟者更克制、**更适度**地使用烟草。政府出台了大量政策，包括对烟草零售网点征税以及要求它们持证经营，这些政策（至少最初）是为了通过限制供给来减少烟草的使用。这些试图管制烟草使用的努力基本都以失败告终。失败的主要原因之一在于，当时的政府虽然反对烟草，但其经济对烟草的依赖却在不断加深。烟草的使用仍然十分普遍，而且成为一种具有很高社交性的行为。不过，当时渐渐浮现出的一些迹象也表明，烟草的使用方式正在发生改变，这些迹象在接近 17 世纪末时最为显著。下面，我将更详细地探究这些变化。

欧洲烟草使用的变化

在接近 17 世纪末时，鼻烟开始流行，尤其是在英国的上流社会中（Brooks 1937—1952：160）。下文能够明显看出推动这一改变的因素：

　　尼古丁曾经走到巅峰，也曾从巅峰衰落。它的流行一度空前绝后，现代［20世纪初］烟草也尚未重现其当初的辉煌。但也是它的流行带它走向了衰落。神职人员的威吓、哲学家的逻辑、医生的警告、智者的讽刺以及国王施加的消费税，上述种种都未能阻挡烟草的流行，时尚却凭一己之力做到了。时尚的法则是以独树一帜为目标；时尚始终在变，就是为了追求独特，就是不惜一切代价都要做到与众不同。当烟斗的使用变得稀松平常，烟斗就不再是风流公子的特有标志；就连社会最底层之人都有了用烟斗吸烟的习惯。在这个追求独树一帜的社会中，烟斗吸烟法最初是因其独特而受到追捧，如今又因其粗俗而遭到厌恶。18世纪初时，法国的习惯与礼仪制度被视为社会生活的标准，斯特恩（Sterne）就有过一句格言，"法国人事情做得更好"，而法国的这一制度是导致吸烟地位下降的强有力因素。法国人一贯更爱鼻烟，而非烟斗，到乔治王统治时期的英国，烟斗吸烟法遭到了流行的反噬，人们转而开始使用鼻烟。当时的中产阶级开始停止使用烟斗，转而模仿上流人士的怪异吸烟方式。不过，尽管烟

斗吸烟法被视为粗鄙无赖、堕落至极的同义词，但这从未阻碍过这种吸烟方式在普罗大众中的普及。（Penn 1901：85）

佩恩的观点与诺贝特·埃利亚斯在《文明的进程》（*The Civilizing Process*）和《宫廷社会》（*Court Society*）中的论证相符，即在 17 世纪和 18 世纪，法国宫廷已经成为欧洲上流社会效仿的中心。佩恩认为，对烟草使用影响最大的是"时尚"，而非医学观点、政府干预或宗教法令。他的这一观点非常重要。对"独特"的不懈追求是烟斗吸烟率下降、鼻烟使用率上升的主要原因。18 世纪初，吸鼻烟变得越来越"时尚"，而且就像烟斗吸烟之于 17 世纪的风流公子一样，吸鼻烟的人也开始遵循一套非常复杂的流程和仪式，甚至可能比用烟斗吸烟那会儿有过之而无不及。伦敦曾在 1711 年出现过一所专门的吸烟学校，教授追求时尚之人如何以符合社交礼仪的方式"正确"使用鼻烟（Mack 1965：8）。下文引自费尔霍尔特，是一位记者对 18 世纪鼻烟使用方式的描述：

绅士表情严肃地从口袋中掏出一个精美的小盒子，将拇指和另一根手指伸进盒中，捏取一撮粉末；然后尽可能郑重地将粉末送到鼻下，仿佛这是他人生中最重要的动作之一一样；他会一遍又一遍地将粉末送到鼻下，每次吸完，他或者摇摇脑袋，或者抖抖马甲，或者甩甩鼻子，或者三个动作都做一遍，那副样子，就仿佛完成了自己的使命，做了最能给自己幸福感的事情。鼻烟使用方式之多，往往引人好奇。有些人是断断续续地吸，每次分量很少，但吸的速度很快。对这些人来说，他们追求的是尽快感受到烟草的效果，刺激就是一切。他们一般都会选择烟劲很猛、口味很重的鼻烟，追求针扎一样的快感。另一些人则喜欢彬彬有礼、优雅娴熟的鼻烟使用方式；他们既看重感官刺激，也同样在意外在风度，他们给周围人递鼻烟既是出于善意，也是为了面子。吸鼻烟时，有的人性急暴躁，有的人局促不安，还有的人枯燥乏味，这些人在使用鼻烟时一般都比较节俭；那些出手阔绰、鼻烟供应充足的人，一般会选择更温润的鼻烟，使用时，会将多取的鼻烟抖落，任由这些昂贵的粉末落在围巾和外套上。（Fairholt 1859：263—264）

从上文可以看出，人们确实认为使用鼻烟的方式比使用烟斗吸烟更有教养，既不会致人频繁咳痰，（可能更重要的是）也不会引大量烟雾"入侵"人体，但对现代易敏人士来说，这类行为依然粗俗或倒胃口。鼻烟会使人频繁地打喷嚏，鼻烟使用者的衣物往往会因沾了太多鼻烟和鼻涕而变色。正如德雷克（Drake）所说：

> 优质的细粉鼻烟一进入鼻腔，就会产生强烈刺激，令使用者猛打喷嚏，这种冲动几乎不可能抑制。吸鼻烟无疑是最不洁的烟草使用方式。腓特烈大帝就是一名重度鼻烟使用者，历史学家对这类人衣着的描述一贯都是，沾满了鼻涕和鼻烟，不堪入目。要习惯鼻烟的使用，必须有足够强的耐受力和身体。重度鼻烟使用者往往都双目红肿、鼻子疼痛、嗅觉受损。那些既不想吃苦，又想赶时髦的人，只能吸效力温和的"假"鼻烟，也就是一种肉桂和乳脂的混合物。（Drake 1996）

以现代标准来看，当时的鼻烟装备已经非常繁复了，但其复杂程度还是远远不及 17 世纪风流公子们的装备。使用鼻烟无须燃烧，也就无须点火工具。总的来说，鼻烟的使用方式更务实、更简单（Goodman 1993：84）。由于没有着火风险，使用鼻烟的危险性也更小。

尽管不如17世纪风流公子的吸烟装备复杂，但鼻烟使用工具的外观一般都非常精致、华丽，这一点从鼻烟使用者用来取鼻烟的"锉刀"和用来装烟草的容器上就能看出。有的锉刀甚至是象牙做的（74），鼻烟使用者会将烟草卷成"胡萝卜"一样的块状，然后用锉刀刮取鼻烟，这些刮下来的鼻烟也被称为"粗鼻烟"（*rappée*）（Fairholt 1859：257）；至于烟草盒，有金制的、银制的，还镶嵌着宝石，十分华丽（260）。当时的鼻烟使用者如若负担不起金、银、象牙、宝石等昂贵原材料，也会用"玛瑙、马赛克饰面、稀有木材或镶嵌图案"来装饰自己的工具（同上）。18世纪时，尤其是在法国，鼻烟盒被视为珠宝的一种。在贵族圈子里，鼻烟盒常被当作礼物送人。据说玛丽·安托瓦内特（Marie Antoinette）[1]的嫁妆篮里装有52个金鼻烟盒（Goodman 1993：74）。

使用鼻烟一般就是将干粉吸入鼻腔，但据历史资料显示，当时还有其他流行的鼻烟使用方式。费尔霍尔特（1859：241—242，269）就提供了一些有趣的例子，包括用眼睛来吸收鼻烟。他指出，在接近18世纪末时，许

---

[1] 玛丽·安托瓦内特是法国国王路易十六的妻子。——译者注

多"治疗头疾的"眼用鼻烟得到了广泛应用，如"格里姆斯通牌眼用鼻烟"（Grimstone's Eye Snuff），这种鼻烟之所以流行，是因为"人们相信［它们］能有效清除脑袋里的有害体液，改善视力，是治疗头疾的'最佳选择'"（269）。这种将鼻烟用作体液疾病治疗手段的做法和认知贯穿了整个18世纪：

> ［鼻烟］可以治疗感冒、眼部炎症、无故流泪、头痛、偏头痛、水肿、瘫痪，以及所有因体液过剩或过多流失而产生的疾病。再没有什么比增加血液流动性更能调节体液流动与循环的了。它是一种屡试不爽的喷嚏刺激物，可以唤醒中风或处于昏死状态的人。它可以非常有效地缓解妇女分娩的痛苦；可以治疗歇斯底里、眩晕、焦躁不安、忧郁和精神错乱。使用它的人再也不用惧怕污浊、有害的空气；再也不用惧怕鼠疫、梅毒和紫癜。人们不再需要提防和远离那些容易传播的流行疾病。它能增强记忆力、激发想象力。鼻腔里塞满烟草的学者从不害怕解决抽象、艰深的难题。（Labat 1742：278—279）

> 鼻烟能轻轻刺激并刺破黏膜，致人打喷嚏或黏膜收缩，从而像挤压海绵一样，挤出众多腺体中的

浆液和污物。鼻烟还可以充当排水管，排出眼睛或头部的过多水分；如若眼睛和头部水分不足，鼻烟也能让血管迅速扩张，为缺水部位输送更多的水分；有人发现，把纯鼻烟用在眼角，能改变、破坏引发充血等问题的有害体液。因此，这种粉末有助于保护我们最珍视、最宝贵的感官——视觉。（Anon. 1712，引自 Goodman 1993：80）

最重要的是，上述文献揭示了一点，这一时期的诸多鼻烟研究都认为，相较于对全身各种疾病的治疗，鼻烟对"精神"、人脑和"头部"类疾病的疗效更显著、更有针对性（在 16 世纪和 17 世纪，人们更多是将烟草视为治疗全身各种疾病的良药）。如前所述，往鼻烟中掺入杂质比往烟斗用烟草中掺入杂质更容易。但往鼻烟里加入其他物质的目的并不只有增加其质量这一个；有人将其视为改进、提升鼻烟属性的一种方式。1722年的一本小册子中就提到："弗吉尼亚烟草在制备的过程中，去掉了烟草本身的**有害**属性，加强了其**有益**属性，在被鼻子吸入后……可以清除头、眼等部位的有害体液，且没有吸烟常见的副作用。"（Fairholt 1859：269—70）

表 2 温布尔公司（Wimble）鼻烟零售价目表

每磅售价	先令	便士	每磅售价	先令	便士
英格兰粗鼻烟	3	0	最优质的英格兰粗鼻烟	4	0
国产（同上）	3	6	普通款（同上）	2	0
博隆加罗的奥兰达鼻烟	4	0	优质原味（同上）	2	6
英格兰圆粗鼻烟	3	6	最优质的苏格兰鼻烟	2	6
斯特拉斯堡鼻烟	3	0	普通款（同上）	2	0
国产维奥莱特鼻烟	4	0	普通英格兰粗鼻烟	2	6
香型粗鼻烟	2	6	浓香型（同上）	3	6
英格兰布兰鼻烟	3	0	复合型（同上）	2	6
优质英格兰粗鼻烟	3	6	粗鼻烟（佛手柑）	2	0
浓香型科斯（同上）	3	0	低端粗鼻烟	1	0
普通的英格兰布兰鼻烟	2	6	原味苏格兰鼻烟	2	0
卡罗粗鼻烟	4	0	天然英格兰粗鼻烟	3	0
罗马诺的奥朗德鼻烟	4	0	浓香型（同上）	3	0
最优质的敦刻尔克粗鼻烟	3	6	头用鼻烟	5	0
玛卡巴奥鼻烟	8	0	圣多明戈鼻烟	6	0

每磅售价	先令	便士	每磅售价	先令	便士
苏格兰鼻烟	2	0	仿巴西鼻烟	5	0
优质（同上）	3	0	最优质的巴西鼻烟	24	0
朔尔滕的最优质的粗鼻烟	6	0	二等（同上）	20	0
博隆加罗的圣文森特鼻烟	4	0	三等（同上）	16	0
约翰的莱恩鼻烟	2	0	最优质的西班牙鼻烟	10	0
西班牙布兰鼻烟	6	0	二等（同上）	8	0
普通款苏格兰鼻烟	1	0	最优质的哈瓦那鼻烟	6	0
优质爱尔兰鼻烟	2	0	普通款（同上）	4	0

资料来源：Fairholt 1859：268—269

　　18世纪时，英国市场上有超过200种不同的鼻烟品种及其混合物在售（Goodman 1993：74）。上表是1740年某家普通鼻烟零售商的价目表，充分说明了鼻烟产品的多样性。

　　不过，鼻烟中有时也会混入剧毒物质。一些证据表明，正如17世纪有人因烟斗吸烟而死一样，18世纪也有人因鼻烟中毒而死。《潘多拉的盒子；反鼻烟的萨蒂尔》（*Pandora's Box; a Satyr against Snuff*，1719）的作者序中写道："人们现在流行在别人打喷嚏后，送上'上帝保佑你！'的祝福，对此，我本应感到高兴；可惜，它的流行源自人们冲动追求强烈刺激而产生的致命后果——剧烈抽搐和时而发生的猝死[1]。"（引自 Fairholt 1859：267）

---

[1] 坎纳（Kanner）指出，基督教徒普遍有在别人打喷嚏后祝福对方的习惯，但对这种行为的解释五花八门。最流行的解释之一是，教会认为打喷嚏是一种"短暂麻痹"，类似于癫痫发作或（更重要地）性高潮时的状态，而这三种情况（打喷嚏、癫痫发作和性高潮）都是神圣不可干涉的，也就理当得到应有的尊重（Kanner 1931：563—564）。也有一些研究认为，这一行为的由来与格列高利一世（Gregory the Great）教皇掌权时期暴发的一场瘟疫有关，该病的症状之一就是打喷嚏，患者往往会在长时间打喷嚏后身亡。正如坎纳所写，"据说，这种习惯源自时任教皇的一项特殊命令，他要求人们每次听到别人打喷嚏，都要说一句简短的祝福。自此，这种习惯逐渐根深蒂固，一直持续至今［20世纪初］"（564）。然而，坎纳指出，另有大量证据表明，这一做法在格列高利一世教皇掌权（6世纪）之前就有过流行。德雷克详述了打喷嚏与性高潮之间的关系。他指出，打喷嚏被视为"因恶魔或魔鬼侵入［人体］而造成的短暂意识丧失，只有获得身边人的祝福，打喷嚏者才能免受与自身灵魂短暂失联的伤害——完全陌生之人的祝福也有用"（Drake 1996：4）。有趣的是，在17世纪的一段时间里，法国人认为祝福打喷嚏者是很失礼的。《文明准则》（*The Rules of Civility*，1685）中有一条写得很清楚，"如果尊敬的贵族偶然打了个喷嚏，你不能大喊'上帝保佑您，大人'，而是应该脱下帽子，得体地向对方鞠躬，然后将那句祝福说给自己"（引自 Kanner 1931：565）。当时之人或许认为，将他人注意力吸引到一个短暂失控者的身上是十分粗鲁的——而打喷嚏恰是一种失控。

费尔霍尔特也提供了两段相关描述：

> 大孔代（great Condé）之孙波旁公爵（Duc de
> Bourbon）有一则轶事，从中可以看出香型鼻烟的
> 固有危害。波旁公爵带诗人桑特伊（Santeuil）参加
> 了一场大型娱乐活动，在此期间不仅强迫桑特伊喝
> 下了大量香槟，还往桑特伊喝的葡萄酒里倒入了满
> 满一盒西班牙鼻烟，活动结束后，桑特伊高烧不退、
> 极度痛苦，于 14 个小时后不治身亡。（256）

> 医生们表示，自鼻烟出现后，短短一年内的中
> 风死亡人数就超过了之前 100 年的总和。加以调查就
> 会发现，这些因中风或其他原因猝死的人，几乎全部
> 或至少大多数都是重度鼻烟使用者。这在西班牙和葡
> 萄牙很常见，近年来，这两国的致死常见病就是中风。
> [《论烟草等的使用》（*A Treatise on the Use of Tobacco,
> etc.*, 1722），引自 Fairholt 1859：264] [1]

历史数据表明，上述中毒与死亡事件的罪魁祸首

---

[1] 本段在原书中是条脚注，针对的原书内容是："《爱丁堡
百科全书》中有一篇严厉批评鼻烟的短文，文章最后附了一条重
要的参考文献，见《毒药》。"（Fairholt 1859：264—265）

或许并非尼古丁，而是 18 世纪鼻烟中混入的其他物质。有的资料明确指出了这种关联性，比如，"福斯布鲁克（Fosbroke）先生是一名外科医生，他差点被这种可耻的掺假行为毒害。他已经出现了麻痹症状，万幸的是，鼻烟中的铅被及时检测了出来"（Steinmetz 1857：73）。就算 18 世纪流行的鼻烟确实比 17 世纪流行的烟斗用烟草更温和，但究竟有多"温和"是极难评估的。若要大致了解这二者之间的差异，不妨探究一下 18 世纪饮酒与吸烟之间的关系。概括而言，17 世纪时，人们常拿吸烟与饮酒类比，这不仅是因为当时不存在其他具有可比性的行为模式，更重要的是，当时的烟草使用形式确实比当代西方的烟草使用形式更像饮酒。也就是说，17 世纪所用烟草的致醉效果远大于西方今天流行的烟草品种。不过，到了 18 世纪，文献中似乎越来越少提及烟草消费与酒精之间的关联，或是大大削弱了这一关联。比如：

公理一

烟草，无论是用烟斗吸食，还是咀嚼，都会促使人吐口水。

公理二

吐口水会减少在口腔中发挥润滑作用的唾液，致人口渴。

公理三

干渴会催生饮酒的欲望，让人想通过饮酒来缓解吐口水造成的唾液不足。

公理四

过于频繁地饮酒（尤其是烈酒）会致人醉酒。

公理五

醉酒啊！醉酒往往会让你与最好的朋友争吵，做出一些酒醒后会自觉抱歉和羞耻的行为。（引自 Brooks 1937—1952：180）

这部分内容出自 1798 年的《论烟草的使用与滥用》（*A Treatise on the Use and Abuse of Tobacco*），有趣的是，在文中被视为致醉剂的明显是酒精而非烟草。这与 17 世纪初的说法形成了鲜明对比，那时人们还认为酒精和烟草都是"用醉捅伤大脑"的武器。我并不是说 18 世纪的文献中**完全没有**有关烟草致醉作用的描述，而是说，上面这些写于 18 世纪末的文字或许反映了人们对烟草的理解与体验的总体变化方向。

许多与烟草使用有关的历史文献都将 18 世纪鼻烟的流行视为反常，将烟斗吸烟视为常态（Goodman 1993：90）。这些文献大大低估了鼻烟崛起的重要意义：事实上，在 18 世纪，鼻烟是整个欧洲最流行的烟草使用形式，它的流行一直持续到了19世纪（同上）。许多文献还因鼻烟的盛行，声称烟斗吸烟在18世纪70年代就"已经过时"（Penn 1901：86）。不过，正如布鲁克斯所言，更准确的说法可能是，烟斗吸烟法在英国贵族和"历来体面之人"（时髦的人）中"已经过时"。"人们熟悉的烟斗失去了原本的社会地位"（Brooks 1937—1952：163）。但在18世纪的陆军、海军和大学里，烟斗吸烟依然深受"普通人"的喜爱（162）。

事实上，吸烟早就与军队生活和学校生活产生了密切关联，就算社会并不认同吸烟行为，也无法切断这一关联。阿珀森提供的大量例子可以证明吸烟行为广泛存在于18世纪的大学之中。比如，有位父亲给自己在剑桥读本科的儿子写信，信中说道："我不愿你证实自己在大学主要学的是吸烟、喝酒，这真令人难堪。"（Apperson 1914：102）托马斯·沃顿（Thomas Warton）也在《不满的进程》（*Progress of Discontent*，1746）中描述过当时牛津大学内的生活："回来吧，昨日时光，读书或闲暇中的无尽快乐！每天，当公共休息室恢复平静，我都会抽上一支烟斗，吞吐那香气！一年一度的装瓶活动，先将酒喝入肚中，检查一下，然后装瓶，塞上精心挑选的软木塞：在我们虔诚的创始人的画像下，无拘无束地用餐。"（引自 Apperson 1914：103）

鼻烟取代烟斗吸烟成为了"纨绔子弟的标志"，后者则成了"普罗大众"的标志，这一变化或许与18世纪麦芽啤酒屋的衰落有关（Goodman 1993：72）[1]。当时，麦芽啤酒屋也是社会底层人士的标志之一。1755年的某期《世界》（*World*）杂志中就"描述过热情、大嗓门、爱喝酒的乐天派乡绅们，称'在麦芽啤酒屋中，他总会毫不迟疑地拿出烟斗和大麻，与那些最底层的渣滓们混在一起'"（引自 Apperson 1914：101）。

正是在这种背景下，鼻烟日益成为人们眼中更高雅的烟草使用方式。与烟斗吸烟不同，人们认为鼻烟的使用起源于宫廷贵族圈子（Goodman 1993：81），因此，使用鼻烟可以摆脱烟草身上负面的美洲原住民印记[2]。古德曼接着指出了非常重要的一点：与17世纪的烟斗使用方式相比，鼻烟的使用更具**个性化**（Goodman 1993：73，

---

[1] 如果这二者间确实存在重大关联，该关联的确切特征也存在很大的猜测空间。古德曼指出，17世纪时，麦芽啤酒屋是获取廉价烟草与烟斗的来源，它们的消亡可能曾对吸烟行为有过影响，不过，麦芽啤酒屋只是获取烟草与烟斗的众多零售网点之一，它们随社会习俗改变而衰落的事实不一定会对烟斗吸烟行为产生多么重大的影响（Goodman 1993：72—73）。

[2] 根据第1章所述，这显然只是一个有关鼻烟起源的传说。在西方人首次接触美洲原住民时，吸鼻烟这种烟草使用方式就已经在原住民中广泛存在了。

81—82）。鼻烟被视为与茶、咖啡、巧克力同类的"软毒品"，它们的使用都在越发私人化（82）。他写道："鼻烟带有鲜明的个人特征。鼻烟调制品种类繁多；就算无力自行调制，只能从垄断者或小商贩处购买，也可以选择不同的品牌，或者改动鼻烟的标准包装，以体现自己的个性。"（同上）有关鼻烟使用行为的记载很多：

> 说到鼻烟，社会领导人、各种小圈子的领袖都有各自不同的心头好。每当有教养者聚到一起，无论是宫殿，还是舞厅，总是充斥着各种不同的烟味，它们会交织出非同寻常的味道。就在一间这样的房间里，人们出于教养，喷嚏都打得比较克制，但交谈仍不时地被喷嚏声打断。交谈期间，一位偏爱甜橙香的纨绔子弟拿出自己的鼻烟盒，递给了一位偏爱茉莉香的女士（她应该十分珍视自己的茉莉香鼻烟，所用鼻烟盒都精美万分）。女士一副纡尊降贵的样子，从中取了一撮，取的姿势也十分讲究，既符合礼仪，让自己转动胳膊的姿态保持优雅，又刚好可以露出自己珠光宝气的纤细手腕。男方也会恰到好处、看似毫不做作地露出自己手上戴着的漂亮戒指。这是当时取鼻烟的正确技巧，由法国礼仪导师制定，当伦敦、罗马等地的人首次了解到这一技巧，这种习惯便也

入侵了他们的文化。（Brooks 1937—1953：159）

值得注意的是，当时除干粉状的鼻烟外，市面上还有颗粒状鼻烟和口服"湿"鼻烟，但只有干粉这种形式在 18 世纪的欧洲广为流行，直到 19 世纪也较为流行。人们对其他形式鼻烟的反对主要是基于体面和敏感，而非体液医学理论。比如，1711 年，安德烈·安东尼（André Antonil）撰文探讨了鼻烟丸的使用；他提出，若让鼻烟丸整夜或整日地停留在鼻孔中，它们就能"吸出鼻腔里的湿"。但"使用鼻烟丸时，陆续排出的鼻烟丸和一直挂着的鼻涕会弄脏使用者的下巴，令与之交谈者感到恶心，因此，只建议在不会因这种不雅影响到他人时使用"（引自 Goodman 1993：84）。这段描述凸显了敏感性和个人感受变化对烟草使用的重大影响，这些变化也与礼仪和行为规范的变化有关。

烟草的使用与文明

本节主题恰恰可以解释烟草使用变化与更广泛社会进程之间的关联。我先简述一下埃利亚斯（2000）提出的文明概念，这将有助于解释目前为止已探讨过的部分社会进程，以及引出我在本书中至关重要的一组观点。

埃利亚斯所说的**文明**是一个专业术语，并非我们的日常用语。正如人类学家曾设法将人类学术语中的**文化**与用以评价有教养、思想成就高的文化加以区分一样，埃利亚斯也将他所用的**文明**一词与日常用语中的文明进行了区分，后者表示的是进步、理性的胜利、社会的进化，等等。埃利亚斯口中的**文明**指的是一系列长期的社会进程，这些进程可见于西方社会行为标准的变化之中。从最广泛的意义来说，以及稍微过度简化一点来说，文明化的进程指的是西方国家形成的过程，及其长期垄断暴力和税收的过程，这些过程逐步加剧了社会压力，迫使人们进一步自我克制，而这正是社会控制模式转变的一部分。埃利亚斯对文明化进程的分析始于对《论男孩的礼仪》（*De civilitate morum puerilium*）的研究，这是伊拉斯谟（Erasmus）1530 年写的一本礼仪手册，影响深远。伊拉斯谟生活的年代介于中世纪与近代初之间，因此，从他提供的资料中能够看出当时礼仪规范的**具体变化方向**。基于这类资料来源，埃利亚斯探究了世俗社会中上层人士**行为期望标准**的逐渐转变：这些转变涉及方方面面，从餐桌礼仪到他们处理和感受自身情绪及身体机能的方式。

根据埃利亚斯的说法，中世纪社会生活中的一些典型行为并不符合当代西方标准，是会令当代西方人反感的。比如，在公共场合大小便，这在当时真是司空见惯。中世纪的一些文献也确实建议"在你坐下前，先确保座位上没有屎"（Elias 2000：110）。此外，不洗手就共用盘子吃饭、坐在餐桌边放屁、随地吐痰，这些也是当时的常态（60，110，129）。礼仪文献的规定也反映出了哪些行为在当时是普遍存在的。比如，当时的礼仪文献反对人们用桌布擤鼻涕（122）。埃利亚斯分析了当代西方人习以为常的行为限制是如何逐步形成的。他指出，人们逐渐对越来越多的行为感到厌恶，这份厌恶迫使不良行为**退出了社交场合**。这一转变也提高了人们对自身身体机能的羞耻感和厌恶感标准。

礼仪行为规范的优化推动了人们行为的转变：比如，排便、排尿和性交逐渐向私密、封闭的场所转移。由此可见，人们自我克制的逐渐加强是西方文明化进程的一个决定性特征。这并不是说中世纪的人就完全不克制自己。埃利亚斯确实在中世纪的某些群体中发现了禁欲、克己的极端形式（比如，修道士奉行的克己忘我）。但这些与"他人同样极端的放纵享乐"形成了鲜明对比，"而且个体的生活态度经常……发生突然的转变"（Elias 2000：373）。简而言之，随着西方文明化进程的不断加深，社会压力的不断加大，人类的行为也逐渐趋于**稳定**：这些进程依然具有"减小巨大反差、增加多样性"的特征（382）。

这些文明化进程同样改变了烟草的使用。我业已说明，鼻烟在18世纪欧洲的普及标志着西方烟草使用的进一步发展，这一发展与埃利亚斯发现的文明化进程的**具体方向**相符。首先，此时的烟草使用进一步远离了17世纪初欧洲的使用方式，更确切地说，是远离了美洲原住民的使用方式，尤其是追求致醉和失控效果的那些用法。烟草的消费逐渐发展得更受控、更正式、更私密、更区别化和更**个性化**。我曾论证过，这些变化过程与两个因素有关：一是社会上层人士对区别化日益强烈的追求，二是伴随这一追求而改变的体验标准以及对精致的评判标准。换言之，前文提到的许多烟草使用变化，究其根本，都与**对自我克制日益提升的要求**有关。而对这一主题的探讨，我将着眼于烟草使用在19世纪和20世纪的发展历程。

19世纪和20世纪初的烟草使用

鼻烟在19世纪上半叶的英国仍是十分流行的烟草使用方式，但纵观整个19世纪以及20世纪初，吸烟已开始逐步重现往日的荣光。在19世纪的头10年中，除烟斗吸烟者的人数剧增（Goodman 1993：93）外，抽雪茄也开始成为一种流行：

在上个［19］世纪中以前，吸烟者是少于鼻烟使用者的。19 世纪初，雪茄引入，可以轻松使用的雪茄取代了此前一直作为吸烟方式垄断者的笨重的陶土烟斗，这才让吸烟行为在纨绔子弟和军人之间死灰复燃，但总的来说，到维多利亚女王即位[1]之时，鼻烟的使用依然普遍，吸烟行为依然罕见……1829 年，雪茄的关税从每磅 19 先令降至 9 先令，这降低了市场上优质雪茄的价格，大大促进了吸烟行为的复兴。（Penn 1901：88）

最有趣的是，一如上文所证明的，陶土烟斗被越来越多人视为"笨重"、过时的吸烟工具，这催生了另一种更实用的替代品——用欧石楠木制作的烟斗。鼻烟的衰落来得猝不及防，19 世纪末，鼻烟仅占英国烟草总消费量的 1%（Goodman 1993：93），同样的情况也在西方其他地区不断上演（91）。不过，鼻烟在不同国家衰落的时机与特征还是存在一些重大差异。以瑞典为例，在 18 世纪末到 20 世纪 30 年代之间，鼻烟[2]在瑞典的消费量一

---

[1] 维多利亚女王于 1837 年即位，1838 年加冕。——译者注
[2] 瑞典人使用的通常都是口服的湿鼻烟，使用方式是将一定量的鼻烟塞到上唇后方（Goodman 1993：92）。

直在上升。直到第二次世界大战后，吸（香烟）才开始成为最受瑞典人欢迎的烟草使用方式（92）。至于美国，大约是从19世纪30年代开始，咀嚼烟草成了美国最流行的烟草使用方式。直到第一次世界大战爆发前夕，这种方式才终于被吸烟取代（Tate 1999：11）。尽管相较于便携、耐存放的咀嚼式烟草，香烟并不具备什么实际优势，但咀嚼烟草会促使人大量吐痰，香烟则不会，也就不会让敏感的人产生被冒犯的感觉，这也是救援人员在美军部队中推广香烟的理由（66）[1]。

---

[1] 若深挖咀嚼式烟草在美国的崛起，也会得到十分有趣的发现。布鲁克斯（1953）甚至认为，咀嚼式烟草的崛起标志着美国社会标准的普遍下降，而这可能源自城、乡社区日益加深的社会融合：这是一个"品位糟糕的时代，美国人普遍行为草率，令人痛心疾首。身体健壮的公民（一位记者引用的原话）可能一大早就会站在自家门口咀嚼烟草，享受烟草的快乐。他甚至可能将痰吐到十八英尺（约5.5米——译者注）开外，只要不会侵入到邻居的私人土地……这种现象的出现可能源自边远地区向城市地区的侵入，以及边远地区随意、粗鲁的行为方式对这种城、乡混合式社会的动态影响。在这样的社会中，社会习惯很多样，并无统一标准"（引自Walton 2000：62—63）。狄更斯在《美国手记》（*American Notes*，1842）中明确表达了自己的态度，他非常厌恶美国人的烟草咀嚼习惯，"华盛顿或许可以被称为烟草诱发唾液的总部……我必须坦率承认，烟草咀嚼和咳痰吐痰的行为令人作呕，这类行为的流行恶心至极"（引自Walton 2000：63）。

历史数据显示，在 19 世纪初，社会上出现了越来越多禁止吸烟的规定。佩恩明确指出，在 19 世纪 30 年代，人们认为在街上吸烟是令人反感的（1901：88）。有趣的是，吸烟开始被视为一种恶习，只应在私人场所进行（Apperson 1914：156）。阿珀森表示，在 19 世纪中期，很少有人在街上吸烟，吸烟者通常会在饭后前往吸烟室或厨房，吸烟时，他们会换下正常的晚装，穿上吸烟夹克，戴上吸烟专用的帽子，避免在身上留下烟草的气味（62）[1]。麦克（Mack）援引了维多利亚时代早期礼仪手册《礼仪与社会习俗的提示》（*Hints on Etiquette and the Usages of Society*，1854）中的一段话，清楚证明了公共场所吸烟在当时是不受认同的：

> 人们所能想到的最自私的生物莫过于在**公共场所**吸烟的人，他会持续污染纯净而芬芳的空气，完全不关心那些被自己打扰到的人，这样的人只适合被关在酒馆里。只有店里的男伙计、伪装时髦者和"打扮时髦的骗子"才会在街上或剧院吸烟……至于使用鼻烟，那只是一种懒惰、肮脏的习惯，是愚蠢

---

[1] 阿珀森在进行这段描述时，脑海中显然有着特定的吸烟者形象：相对富裕的男性。

之人为疏通愚钝的脑子而做的徒劳尝试，但不会太过冒犯到他们的邻居，因此，是否继续使用鼻烟可能取决于每个人的口味。不过，"优雅"之人不应频繁使用鼻烟，否则势必会"丧失社会地位"。（Mack 1965：10）

上文凸显了几个要点：第一，这些反对公共场所吸烟行为的论点给人一种熟悉的感觉。该作者的论证方式与 17 世纪反烟草文献中所用的方式类似（包括前文中乔舒亚·西尔韦斯特罗的文章），都是试图将吸烟与社会下层人士、与那些**伪装**时髦者关联起来。第二，也是同样有趣的一点，鼻烟近乎得到认可的理由在于，它不会"太过冒犯到"他人——这里可能是在暗示使用鼻烟不会产生烟雾，也就不会烦扰他人。第三，人们会对烟草产生一种牢固的印象，即任何形式的烟草使用都是不应过度放纵的恶习，甚至鼻烟的使用也不例外：一个人"不应频繁使用鼻烟，否则势必会'丧失社会地位'"。值得注意的是，这一对适度使用烟草的呼吁并非基于对健康的担忧，而是与埃利亚斯的论点一致，即源于对礼仪行为规范的担忧：**要求人们自我克制的社会约束**。最后，文中提到鼻烟会被用来"疏通愚钝的脑子"，这也证明，当时之人已经越来越重视烟草对大脑的影响。稍后我会再详述这一主题。

19 世纪还有许多明确禁止吸烟的例子。最有意思的是，维多利亚时代的礼仪规范规定，"当着女士的面"吸烟是极不礼貌的（Mack 1965：9）。19 世纪中期的许多礼仪规范似乎都直接假定女性不吸烟，认为在女性面前吸烟会惹恼对方。下面，我将从《体面社会的习惯》(*The Habits of Good Society*，1868）中援引几段与抽雪茄有关的有趣评论：

> 对于这种芳香烟草，雷利爵士曾教花花公子们用大斗钵的烟斗吸食；詹姆斯一世曾撰写著名的《对烟草的强烈抗议》对其加以谴责；谄媚的本·琼森曾为取悦自己的主人而对其加以嘲讽；妻子们、姐妹们也曾断言，就是这东西让男人们养成了最肮脏、最令人不想靠近的习惯，并令他们沉迷其中无法自拔；而我，又该如何评论它呢……我将从社会的角度来看待烟草。首先要注意的是，烟草有麻醉作用，能影响一个人的性格。因此，我相信，适度使用烟草将有助于平复激烈的情绪，特别是对那些脾气暴躁之人来说……我相信，烟草将帮助我们养成冷静反思的习惯，减少我们生活中的偏见，或许也会少一些激烈的观点，从而更加心平气和地与人交谈。

（1868：252—253）

但令我担忧恐惧的是，我预见到，人们可能会因太过热爱烟斗而破坏公序良俗，抛弃自己的另一半。这就难怪它被亲爱的女士们所痛恨，对女人来说，烟斗是她们最难应付的对手，她们无法挖出这个对手的眼睛：这个对手越陈越香，而她们自己会随着年岁增长而凋零；它具备一项女人所没有的本领，那就是永远不会使它的热衷者感到厌倦；它沉默不语，却可以给男人带去陪伴；它花费很少，却能给男人带去诸多欢愉；它从不责备男人，却能给男人带去女人所能带来的同等快乐。啊！它真是妻子或女仆的强大对手，难怪她们最终都屈服了，同意了。为了避免失去自己的丈夫或主人，她们甚至愿意用自己漂亮的双手亲自为他们奉上自己所痛恨的这种药草。（254—255）

其实已经有足以限制无节制吸烟的规则了。当有美丽的女士在场时，任何人都不得吸烟，甚至不能提出吸烟的请求……任何人都不得在街上吸烟，换言之，白天禁止吸烟。这种致命罪行只能在天黑之后进行，就和入室盗窃一样……任何人都不得在有女士在或可能有女士在的公共场所吸烟，比如，花店或散步场所。在火车车厢内，吸烟者若能取得在场所有人的同意，就可不受禁烟规则的约束；但若有女士在场，就算女士同意，也不得吸烟。毕竟女士十有八九会出于善良的天性而同意吸烟者的吸烟请求。（255—256）

任何人都不得在密闭的车厢内吸烟……任何人都不得在剧院、赛马场和教堂内吸烟……如果你待会儿要与女士见面，但又想吸烟，或者想与吸烟者待在一起，那你必须在见女士之前换身衣服。（256）

从上文可以看出，当时之人直接默认吸烟是男性才会参与的活动，根本无须专门强调女性不得吸烟。此外，似乎也没有必要对有女性在场时的吸烟行为进行明确规定："其实已经有足以限制无节制吸烟的规则了。"上文几乎有种随便说说的感觉。所用语言极其父权化：给人一种吸烟是男性特权的印象，即便有人认为吸烟是"男人"可沉迷的"最令人不想靠近的习惯"，但这显然是指普遍意义上的社交，即男女都参与的社交。至于男人们用餐后到可吸烟区聚众吸烟的行为，明显被视为是一种**高度**合群的表现。我们对此处涉及的过程或许并不陌生：总的来说，在19世纪早期到中期这一阶段，社会礼仪规范认为在公共场所吸烟很不礼貌，这有效限制了吸烟行为，令其退出了"公共"生活的舞台，**退居到了"幕**

后";因此，吸烟行为中暗含着对传统价值观和传统规范的拒绝，这层深意反而让一些人越发支持属于**反传统者**的价值观和规范。安德鲁·威尔逊（Andrew Wilson）博士简明扼要地概括了这一过程，"每次有人对我的老友威尔基·柯林斯（Wilkie Collins）说，吸烟不对，这位杰出的小说家都会这样回答：'尊敬的先生，你们对烟草的所有反对只会让我更期待下一支雪茄带来的乐趣。'这也是我每次听到有人强烈抨击烟草时的感受"（Apperson 1914：204）。正如我打算阐明的那样，近年来，吸烟者的身份认同已经再度成为一个主流话题，他们认为自己是充满反叛精神的反对派。不过最关键的是，这种反对的性质和内容已经发生了重大转变。

上文中还有一个有趣之处，那就是将烟草拟人化为"情人"："对女人来说，烟斗是她们最难应付的对手。"正如米切尔（Mitchell）所言，这种观念代表了当时西方对烟草的理解：

在 19 世纪时，男性总爱把香烟或雪茄说成自己的情人，说成自己未婚妻或妻子的竞争对手。比如，拉迪亚德·吉卜林（Rudyard Kipling）就把自己最喜欢的古巴雪茄称为"有着深色肌肤的家中美眷，五十个一捆"。从这句话中可以看出，当时流行将烟草颜色与"异域"女性的肤色联系起来，流行将烟草被"捆绑"与女性被"束缚"联系起来，认为二者都是为了满足其所有者的需求而存在。正因如此，当时的雪茄盒标签上都印有极其性感的女性形象，那种裸露程度只有色情图片才能超越。人们会将雪茄盒上的女性与供人购买和取乐、供人塞入嘴中"亲吻"和吸吮的产品密切联系到一起。男性可能会在自己的私密房间、办公室或吸烟室里独自享受这种快乐，也可能会去酒吧或俱乐部与其他男性共享这种快乐，以加深彼此的纽带。（Mitchell 1992：329）

在这一时期，烟草的使用普遍被视为男性的**专属**。将烟草拟人化为女性既反映了烟草使用与愉悦之间的关联，也反映了烟草使用与禁止女性吸烟之间的关联。米切尔对吉卜林之言的解读也很有趣，它提到了女性的性感，以及通过"束缚"来控制女性，这或许指向了一种观念，即吸烟是一种囚禁与控制**大自然**的方式，毕竟纵观整个近代西方史，自然一般都被刻画为女性。也就是说，将烟草拟人化为情人或许反映了这样一种观点：在他人眼中，烟草使用者是通过控制火焰、削弱烟草效力以及掌握可避免患病或晕厥的烟草使用技术（即将烟草的使用视为男性的一项特长）来**控制大自然母亲**的。

有趣的是，在香烟刚开始在西方日渐流行之时，也就是在接近 19 世纪末时，广告商所利用的观念恰恰是将烟草视为女性性征的**表现形式**，认为使用烟草就是"占有"了女性的性征：

> 在 19 世纪时，几乎只有男性顾客[1]会使用香烟，［某些品牌的香烟会在包装盒里塞上］小卡片［作为赠品］……这些卡片表明，广告商敏锐地发现了香烟几乎只有男性在消费的事实。许多卡片上都印有大胸女性的照片或图画，图中女性衣着之大胆，甚至可以说是令人瞠目结舌。这些女性图片旁往往直白地写着"女演员""舞台明星""美国之星""美丽瑰宝"等，但一般不会直书其名。由于男性顾客几乎认不出图中的这些女明星，再加上女演员在当时的美国上流社会中本身就地位低下，因此，这些卡片似乎也不具备什么名人效应，只是专为勾起男人的色欲而设计的。（Porter 1971: 35）

上文反映了当时之人对烟草（尤其是香烟）的理

---

[1] 波特（Porter）认为这一时期的女性几乎不吸烟，但从后文可知，他的说法明显言过其实。

解，还有对烟草与女性气质之间关联的理解，不过，这些理解很快就发生了巨大转变。从历史资料中可以看出，在接近19世纪末时，禁止在公共场所使用烟草的规定，尤其是禁止女性吸烟和禁止男性在女性面前吸烟的规定，开始逐渐被削弱。20世纪初时，佩恩就写过这方面的文章，他回顾了19世纪，提供了一些非常有趣的观察结果：

值得注意的是，在吸烟行为刚传入时，女性是吸烟的参与者，但与那时不同，女性并未参与吸烟行为的复兴，反而成了吸烟复兴中最坚决的反对者。[不过她们的]反对情绪或许随时间消失了，如今，即便是在最上流社会中，女性吸烟也司空见惯。在最近一期的《女士们的领域》（*The Ladies Field*）中，延内（Jenne）女士写道："如今，吸烟这一在国外非常普遍的习惯也走入了英国的女性群体，对许多英国女性来说，吸烟是件非常自然的事，她们经常在男人们喝葡萄酒、吃甜点时，与其他女性一同上楼，在会客室相互递烟，一同吸烟。迄今为止，女性的吸烟场所主要是在家里，甚至是卧室或女士的私人会客室，但我留意到，在过去两个月中发生了两起女性被目睹在公共场所吸烟的事件。第一起发生在河岸街（Strand），有人看到一名年轻漂亮的女性边走边安静地抽着香烟；另一起发生在里士满公园（Richmond Park），一名女性与自己的男伴共享了同一根粗大的雪茄。这些只是个例，也没有引发多少评论，但这似乎表明，公众对女性吸烟的看法发生了转变。（Penn 1901：95—96）

另一些叙述似乎暗示，吸烟正在逐渐成为年轻女性"不检点"或不体面的象征。波特（Porter）提供了一段来自1901年的相关叙述：

这位照顾未婚少女的年长女伴不负责任、爱跳舞、爱调情。目前，喜欢她的女孩还不是太多；但她在英国社会很出名。她就是那种"不检点的女子"，喜欢吸香烟，能轻而易举地喝下一杯加汽水的白兰地，台球技艺也很出众。男人们觉得有她相伴十分有趣……现代社会放松了许多细节规范……那些未经精心守护的东西，也得不到男人们的重视。他们对挂在花园围墙上唾手可得的果实不屑一顾，一心渴求那些够不着的东西。这是人的天性，这位未婚少女的理想女伴深谙人性……她会特别提醒举止轻浮的艾米，女孩不能一晚与同一个男人共舞三次以

上，否则容易招来非议。（Porter 1972：84—85）[1]

比 1901 年再早 10 年左右，女性即便只是**同意**男性在自己身旁吸烟，也会被视为"不检点"。正如柯廷（Curtin）引自 1887 年的一段叙述：

> 很多时候，这些年轻男子确实是被不检点的女孩们宠坏了，这些女孩一点都不自重，也不指望那些年轻男子尊重自己。如果年轻女性"丝毫不反对男性吸烟，甚至很喜欢他们这样做"，男性就会当着她们的面吸烟，完全赤裸或近乎赤裸地出现在她们面前，直呼她们的教名，对着她们说些不该说的话等，这些都证明了一个真理：男人只会尊重懂得自重的女人。（Curtin 1987：213）

值得注意的是，从上述叙述中可以看出，女性自己吸烟，甚或只是容忍他人吸烟，都会被视为"放荡"、放纵、滥交。此外，人们似乎还认为女性吸烟的复苏与香烟作为烟草使用媒介的崛起密切相关。在接近 19 世纪末

---

[1] 我想感谢卡斯·武泰，武泰为我提供了一些关于 19 世纪末、20 世纪初女性吸烟的原始资料。

时，香烟是广为人知的"女性雪茄"（Old Smoker 1894：24）。不过，香烟除了被比作女人，以及被拟人化为情人外，也逐渐被视为一种女性化的吸烟**方式**。在香烟本身、香烟被赋予的"女性化"特征和属性以及女性的吸烟行为之间，存在着复杂且密切的关联。下面这段描述将这一关联体现得淋漓尽致：

> 香烟也许确实是吸烟界的"弱者"，但为了女性的名誉，我必须要说，并非所有烟草都像是轻佻、逢场作戏的女孩，比如"她"——香烟。这个美丽的小家伙，穿得像仙女一样，甜美、迷人、无忧无虑，你若只是偶尔与她玩耍，自然愉快，但若与她长久相伴，就很危险。有人私下传言，她会用药来改变自己的体质属性。还有人说，她的吻十分危险，因为她湿气较重，会让尼古丁更易于溶解和吸收。据说，香烟与其他卖弄风情的女子一样，也会折磨那些对她爱慕至深之人，让他们患上心脏疾病。（Old Smoker 1894：24—25）

这段描述似有自相矛盾之处。一方面，香烟被视为效力相对较弱的烟草类型："香烟也许确实是吸烟界的'弱者'"；另一方面，文中又警告不要经常或过度使用香烟："你若只是偶尔与她玩耍，自然愉快，但若与她长久相伴，就很危险。"今天的西方读者或许不会立即察觉到这一矛盾之处，毕竟长期吸烟有害健康是一个公认的医学事实。但有一点至关重要，那就是不要默认过去之人也具备后人的这些医学知识。上文来源的那个年代，还不存在研究吸烟长期影响的系统性科学数据。因此，上文中的警示根源于对香烟的另一番理解和担忧。下面，我将更详尽地探讨这些理解与担忧。

耐人寻味的是，香烟在英国的流行远远早于欧洲的其他许多地方及美国。比如，早在 1900 年，香烟在英国烟草销量中的占比就达到了 10%，此时距离第一批机器生产香烟上市仅过去了 20 年（Goodman 1993：93）。香烟可能早在 19 世纪 40 年代就已引入英国。不过，这些早期香烟与作为 20 世纪西方烟草消费代表的那些香烟截然不同：

早期香烟是用薄纸包裹的，烟嘴由植物的茎制成。这些香烟的制作工艺非常粗糙，必须将其两头捏住，才能防止烟草从中掉落。因此，当时的香烟只有一个吸引人之处——新奇。此外，当时最常用的烟草都是风干或熏制的，这类深色烟草的效力普遍太强，并不适合制成香烟。到 19 世纪 60 年代，新款香烟上市，芳香独特，用料是最上乘的土耳其烟草，外面裹的是特制细纹纸，但即便是这种香烟，也没有得到英国人的广泛接受，与他们的口味不甚相合。(Alford 1973：123—124)

真正打开市场的是后来引入的香烟，这种香烟中卷的是"亮色"烟草。"亮色"烟草的制备场所是经过专门改造的谷仓，带有"烟道"（即管道），滚烫的空气会通过烟道进入谷仓，将烟草迅速烘干。这种亮色烟草在燃烧时会产生酸性烟雾，风干和熏制的"深色"烟草则会产生碱性烟雾，相较之下，酸性烟雾比碱性烟雾更易于吸入，尼古丁的释放速度也比碱性烟雾更平缓（Goodman 1993：98—99）。古德曼认为，酸性烟雾具备的这些特性可能"才是吸引更多人开始吸烟的关键。这些新消费者过去不愿吸烟可能就是反感风干烟草和熏制烟草所带来的不适反应。这可能也是20世纪以前无须专门立法禁止儿童购买和使用烟草的原因之一"（99）。真正在英国及后来的西方大部分地区盛行起来的正是这种香烟。

其实，古德曼最后那一点隐晦的推论非常值得关注。20世纪以前的烟草类型和品种往往不像亮色烟草那么容易吸食，古德曼认为，或许正因如此，在过去几个世纪中才几乎没有立法限制儿童使用烟草的必要。他给出这一推论的前提似乎在于，20世纪之前所用烟草类型与品种的效力太强，需要相对漫长和艰苦的适应过程，这能有效遏制儿童的吸烟欲望。但正如前文所述，早在16世纪和17世纪，幼童吸烟的现象就已经存在。虽然难以确定当时吸烟儿童的确切比例，但正如我们所见，那几个世纪留有大量文字记录，足以证明儿童吸烟是常态。不过，古德曼在这里提出的观点还是意义重大。他认为香烟易吸食的特性会引发越来越多的**担忧**，这无疑得到了历史资料的印证。有关这些担忧的最佳例证之一来自佩恩：

> 吸烟是男学生们热衷的乐事之一，这份享受丝毫不因禁止吸烟的规定而减少。他们会逐渐养成吸烟的习惯，等到长大成人，便会精通最"绅士的吸烟方式"。近年来，年轻男孩中的吸烟人数剧增，而这离不开香烟便宜和青少年普遍早熟这两大因素。在一便士还买不到五根香烟的时期，是烟斗或雪茄给了男孩们第一次的吸烟体验，那种体验十分痛苦，足以让他们对尼古丁所能带来的荣耀望而却步，迟迟不愿再尝试。但香烟是如此温和，吸食起来毫无痛苦。自此，通往吸烟荣耀的道路上再没有了任何困难与恐惧。（Penn 1901: 291—292）

这段引文越发清晰地凸显了与香烟有关的悖论。作者表达了对香烟的担忧，但却不是因为这种新型烟草**效力更强**，而是因为它**更温和**。这份担忧可能有一部分与健康相关，但最根本的似乎还是担心香烟的温和会令吸烟者学不会适度吸烟，若吸烟确实危险，那吸烟不过量不才是更好的选择吗？（与过去几个世纪一样，人们在吸烟是否危险这一问题上的争议仍然很多。）这段引文或许还体现了（前文探讨过的）要求烟草使用者自我克制的社会约束。作者可能只是担忧香烟的温和会诱发过量吸烟的行为。

不过，这段引文还凸显了另一种观点。有人认为，作者担心的是，吸烟将不再是成年男性的专属，不再是一种男性的"特长"。作者似乎认为，香烟太过温和，因此没有了使用门槛。从这个角度考虑，就更易于理解为何吸香烟的习惯会与女性及青少年如此频繁且紧密地联系到一起。这段引文似乎有意将吸食香烟的行为与烟斗吸烟和抽雪茄区分开来。这种"有意"在当时诸多的类似叙述中非常典型。如果说我们可以将这种"有意"归因于"父权吸烟者"的影响，那么吸食香烟与烟斗吸烟和抽雪茄之间的区别早已成功确立。甚至时至今日，在西方的大多数社交圈中，烟斗吸烟和抽雪茄仍被视为主要由男性从事的活动。

不过，千万不要低估烟斗在19世纪吸烟行为复兴中的重要意义。19世纪中叶，烟斗吸烟约占英国烟草使用行为的60%（Goodman 1993：93）。烟斗本身也在不断变化。长柄陶土烟斗（"教会执事的烟斗"）和短柄陶土烟斗（"短匙"）很快就被欧石楠烟斗所取代（同上）。相较于陶土烟斗，欧石楠烟斗的优势很多，尤其是在耐用性和实用性上。比如，"教会执事的烟斗"显然不适合边走路边使用，相较之下，斗柄更短、整体更耐用的欧石楠烟斗就更具吸引力了（Apperson 1914：162）。正如佩恩所述，欧石楠烟斗的"便利"、雪茄的"整洁"和香烟的"方便与优雅"似乎都促进了吸烟行为在19世纪的复兴（1901：96）。此外，他还写道：

> 摩擦火柴的发明催生了露天吸烟行为。在更温和、更清淡的烟草上市后，不仅创造，还满足了新的吸烟需求。如今〔1901年〕的生产商既能迎合中上层阶级更精致的品味，也能服务于工匠和下层阶级，后者直到50年前才成为烟草生产商的主要客户群体。吸烟增多的另一明显原因在于，社会各阶层对酗酒都持严厉的批判态度，酗酒现象随之减少。在绅士们将过量饮酒视为耻辱后，吸烟活动便开始受到青睐。（96—97）

这段引文集中体现了诸多重要观点。首先，在火柴发明之前，能点燃烟斗、雪茄或香烟的工具只有蜡烛、滚烫煤块或各种相当精巧的点火装置[1]。吸烟者的"流动性"日益增强，火柴的发明与他们对"流动"的需求有一定关系，也与"现代"生活的实际需求有一定关系。第二点延续了本章的另一核心主题，即烟草与酒精之间的关系。在这一时期，烟草与酒精之间的关系似乎比过去几个世纪更加"疏远"了。这段引文似乎暗示，由于

---

[1] 在这方面，米勒（Meeler）提供了一个格外有趣的例子：或许很少有人比吸烟者更懂得瞬时点火的妙处。就在不久之前，人们外出或旅行时所能用的点雪茄工具只有阿马登（Amadon）点火器。这种点火器由燧石和钢结构构成，钢结构包括含磷的匣子和气缸。这些组成部件都多多少少有点不稳定或使用不便。直到琼斯（Jones）发明的普罗米修斯（Prometheans）点火器问世，才取代了阿马登。可以非常公正地说，普罗米修斯点火器的瞬时点火装置永远不会失败。它内含一个完全封闭的小玻璃球，球体中是少量硫酸，球体外被氯酸钾和芳烃的混合物包围着。整个点火装置被特制的纸包裹着，只需手法正确地轻拍一下，就能让其内部的玻璃球破裂，在硫酸与混合物接触的那一瞬间就能点火成功。琼斯还发明了路西法牌（Lucifer）摩擦火柴（即氯酸盐火柴），但必须指出的是，这种火柴划过砂纸产生的火焰会产生气味刺鼻的烟雾，非常容易破坏烟叶本身的风味，因此断不可用这种火柴去点雪茄。（Meeler 1832：127—128）有趣的是，这段描述完全没有提到健康与安全。普罗米修斯点火器之所以能获得青睐，只是因为它不会破坏雪茄本身的风味。

酗酒遭到了社会各阶层的排斥，尚可被接受的吸烟行为就成了饮酒的替代品[1]。作者似乎都不觉得有专门指出吸烟与饮酒不同，并不致醉的必要。这与 16 世纪到 18 世纪盛行的观点形成了鲜明对比，那时人们还认为烟草和酒精一样，**都是**强大的致醉剂，当然，这一观点到 18 世纪已有所弱化。第三，吸烟者的修养或阶级与他们所用烟草的精致程度或质量等级直接相关。这一观点明显反映了人们对新烟草使用媒介的态度，尤其是对香烟的态度。值得注意的是，引文认为**温和、清淡**的烟草代表着精致，由此可知，这个时期的烟草使用者与 18 世纪的鼻烟使用者、17 世纪的烟斗使用者和美洲原住民卡鲁克人不同，并**不**认为烟草的效力或"快感"是衡量其品质或精致程度的标准，反而是效力**较弱**的烟草更受好评。因此，人们认为"更烈"、效力更强的烟草更适合性子烈、地位低或从军的这类男性。

这里探讨的问题对理解香烟作为烟草使用媒介的成功至关重要，对理解更普遍的香烟吸食行为也至关重

---

[1] 在 20 世纪初，美国基督教青年会（YMCA）也曾推广香烟，推荐将其作为"有吸引力的替代品"，转移年轻男子（尤其是士兵）对黄、赌、毒和酒精的欲望。基督教青年会的一份报告称，吸食足量香烟能让士兵"长时间保持清醒"（Tate 1999：72）。

要。烟草媒介的改良似乎已经开始赶上烟草使用形式的改良。以18世纪流行的烟草媒介"鼻烟"为例，鼻烟使用者光是要完成"捏取"鼻烟粉末这个动作，都必须遵循非常复杂、严格的流程，这种精致与鼻烟在他们身体上引发的"动物性"反应形成了鲜明对比。正如前文所述，鼻烟的使用曾被认为是有教养的表现，但在吸鼻烟时又会出现种种违背礼仪规范的行为，比如，将手指伸进鼻孔、在大庭广众之下流鼻涕、弄脏衣物等，这二者之间存在大量冲突。当时的反烟草作者也确实抓住了这种固有冲突。相较于过去的那些烟草类型和媒介，**香烟几乎不会对吸烟者产生任何即时影响**，而这或许正是香烟得以成功的原因所在。香烟的特征包括烟身"细长"、影响短暂、相对便携、用法简单、用后"整洁"、随取随用，而这些特征都是香烟成功的关键。吸食香烟不太会引发咳痰等即时且明显的身体反应（如果吸烟与咳嗽等症状真的相关的话），更能满足人们日益增长的对"体面"社交的需求。基于这一点，我们才能逐渐理解吸食香烟为何会被视为特别"文明"的一种烟草使用形式。

最早吸食香烟的都是走在时尚前沿之人，这一点与此前流行的其他烟草使用形式一样（Brooks 1937—1952：170）。但布鲁克斯指出：

起初，香烟特别受"花花公子和自命不凡者"的青睐，普通大众则是对其不屑一顾，选择继续使用烟斗或雪茄这类更"具男子气概"的烟草使用媒介。不过，这种普遍存在的偏见并没有持续很长时间，在［19世纪］60年代初的英国，香烟已经非常常见，到70年代中期就已盛行起来。烟斗开始消失（不久之后，烟斗的使用甚至被贴上了"粗俗"的标签），雪茄逐渐成为富裕阶层（或谋求官位的政客等）的标签，至于鼻烟，只有坚持并珍视这一旧时尚的人才会继续使用，并将它视为小小的安慰。（同上）

到1865年，英国生产商已经开始用埃及和土耳其的烟草生产无须消费者自己卷的成品香烟（Brooks 1937—1952：172）。不过，最有趣的是，直到1869年卷着亮色弗吉尼亚烟草的香烟上市，人们对香烟这种烟草使用媒介的偏好才开始大幅提升（同上）：

香烟消费量的增速之快，令无关者都会深感震惊。需求会推动发明，一种快速生产香烟的机器应运而生，并在［19世纪］70年代初证明了自己的实用性。在19世纪后半叶的几十年中，香烟的受欢迎程度得到了惊人的增长，这不仅仅代表着人们口味的改变。香烟差不多算是一个新时代的象征，在这个时代，已达顶峰的工业革命与不断进步的机械文明融合到了一起。在这一时期，充满活力的生活节奏也影响了吸烟者，催生了他们对有即时效果的紧凑型烟草的需求。烟斗吸烟代表着悠闲，而且需要各种工具的辅助；鼻烟（及其基本装备）代表着贵族时代的精致、审慎；雪茄已成为众人眼中的奢侈品，只有慢慢品味才不算浪费。在一个充满活力的时代，对已经厌烦过去的人们来说，只有香烟才能满足他们对能获取快乐的短效镇静剂的需要。（172—173）

如引文所述，香烟开始成为"现代"的**象征**。最耐人寻味的是，引文作者将人们对效果短暂的温和烟草的需求与现代生活的节奏联系到了一起。其他类型的烟草则被视为是另一个时代的代表，包括烟斗用烟草、雪茄，尤其是鼻烟。这就引出了香烟成功的又一主要因素。香烟不仅更符合当时的礼仪规范，还能满足现代社会生活的一些需求。

为了阐明这一点，请允许我再次提到卡鲁克人的烟草使用和体验，用以对比20世纪初所用的香烟。卡鲁克人每次吸烟都需要很长时间，而且无法同时从事其他活动。他们所用烟草非常烈，效果极其显著，甚至只是一烟斗的量就能让吸烟者晕厥过去。相比之下，20世纪初的香烟就非常温和了，吸烟者可以一边吸烟一边从事各种不同的活动。而且吸完一整支香烟也不过是5~10分钟之内的事情。更重要的是，香烟的成功与人们观念的转变有关，人们越来越多地将吸烟视为一种**补充**活动，而非**一项需要独立开展的活动**。不过，我们尚不清楚这种烟草使用方式的转变与现代社会生活的需求之间究竟有何关联。在这一问题上，布鲁克斯的论点建立在一系列未经检验的假设之上：假设现代吸烟者可用于吸烟的时间更少；假设现代吸烟者对烟草使用媒介的即时性有更大需求。此外，他还假设在充满活力的现代生活节奏与人们对烟草类型的需求之间存在关联，即在这个时代，人们更需要短效烟草。他由此推出，现代吸烟者的需求和要求源自现代生活中迫切的**实际**需要。在此，我想给出其他的一些可能性，帮助大家理解香烟崛起与现代生活之间的关联。

上述引文中的关键句似乎是"在这一时期，充满活力的生活节奏也影响了吸烟者，催生了他们对有即时效果的紧凑型烟草的需求"。但"充满活力的生活节奏"表意不够明确。布鲁克斯可能是想说人们生活的变化速度加快了，或者人均每天需要参加的活动数量和种类增多了，再或者人们在社会上和地理上的流动性增加了。很遗憾，对此我们只能推测，无法断定，也就很难根据他的说法准确评估究竟是什么影响了这一时期的吸烟者。埃利亚斯认为，布鲁克斯想说的很可能是"压力"水平的整体上升（Elias and Dunning 1986: 41）。生活变化速度的整体加快、流动性的加强等，都可以被视为压力的来源。不过，更重要的是，压力也可能源自**久坐**的生活方式。也就是说，严格管制之下的千篇一律，以及对人们公开、即时表达自己情绪的机会的严格限制甚至剥夺，这些本身就是重大的压力来源。如果我们能够承认，哪怕只是暂时承认，高速变化、高流动性的现代社会生活确实有了**越发明显的久坐**特征，那么就能看到诸多崭新的可能性，这些可能性将有助于理解香烟的崛起。

布鲁克斯认为香烟是一种"能获取快乐的短效镇静剂"，这一定义体现了现代化的烟草使用观，标志着人们对烟草的理解、使用和体验方式发生了变化。在 19 世纪末、20 世纪初，越来越多的香烟使用者开始以更受控、更克制的方式使用烟草，不仅如此，他们也越来越多地**将烟草用作一种自我控制的工具**。香烟开始被视为治愈文明弊病的良方。人们开始越来越多地关注香烟对思维、神经系统和大脑的影响。这种关注不仅仅是医学认识转变的结果，也反映了烟草使用观念上的更广泛转变。香烟形式的烟草逐渐成为控制情绪、对抗"压力"、"安神镇静"的工具。不过，人们对烟草的理解和使用并未局限于令神经放松的"镇静剂"。还有越来越多的人将烟草视为兴奋剂，用途之一就是**对抗现代生活的久坐特征**。

　　当然，烟草的功能和效果取决于个体、时间和环境。它既可以充当镇静剂，也可以充当兴奋剂。对一些人来说，它是镇静剂，对另一些人来说，它是兴奋剂；对同一个人来说，时间不同，它的功能也可能不同。烟草具有麻醉或镇静作用，能安抚紧张焦虑的思绪与情绪，这一点几乎毋庸置疑。但对另一些人来说，它也能唤醒迟钝的头脑，让思绪活跃起来。若单纯作为药物，烟草的吸食有助于消除神经过敏和便秘的问题。由于烟草的效果因人而异，我们不可能为其制定教条、死板的使用规则。对一些人来说，最微量的烟草就足以令他们心烦意乱；但对另一些人来说，过量吸烟才会心烦意乱；还有一些人，无论吸多少，都不会有任何不适。因此，就本质而言，烟草的使用只能非常少见地由常识来管制。（Penn 1901：301）

　　佩恩的说法体现了一种具有"现代"特色的烟草使用观。他的评论还让我们看到了烟草使用方式的日益个

性化，这一点与 19 世纪的鼻烟使用一样。关键是，佩恩认为具有个体差异的不是烟草的**形式**本身，而是烟草发挥的**功能** [1]。由此可以得出，具有"现代"特色的烟草使用观认为，烟草对人情绪状态的改变程度相对**适中**，且有助于将人的情绪变化维持在相对适中的范围内，具体改变程度如何则取决于个体差异和个体所处的环境。在这一时期，烟草主要被视为一种精神药物，可以直接作用于中枢神经系统和大脑。有时，吸烟者就是为了放松或提神，或是为了同时达到放松与提神的效果，才特意使用烟草（有时可能也是无意识地）。有趣的是，佩恩提到，烟草还会被用来治疗便秘。不过，烟草主要还是被视为一种"精神"药剂，其次才是可治疗更广泛"身体"疾病的药物。

---

[1] 这并不是说烟草的双相性（时而充当镇静剂，时而充当兴奋剂）在过去几个世纪中都无人提及。詹姆斯一世就曾在《对烟草的强烈抗议》（1604 年）中写道，"睡前吸烟可以让人睡得香甜，不过，据说在昏昏欲睡时吸烟，又可以提神醒脑，让思维更敏捷"（James Ⅰ 1954：26）。不过，从中可以看出，与其说詹姆斯国王提到了烟草使用的个体间差异，不如说他提到了烟草在同一个人身上看似矛盾的效果。在此，我想说的并不是烟草在20 世纪以前从未被用作自我控制的手段，而是从 19 世纪末开始，烟草被用作自我控制手段的这一主题**日益**成为了主流。此外，我认为佩恩的观察结果虽然与詹姆斯一世的相似，但他们对烟草使用的理解截然不同。

话到此处，我们仍未回答的一个问题是：为何香烟比其他任何形式的烟草都更适合具有"现代"特征的使用方式？对此，我有诸多推论。首先，正如前文所述，人们越发认为吸烟是一种补充活动（这种认知与香烟本身效力短暂、使用方便的特性有关），因此，吸烟者可以一边吸烟，一边从事各种各样的其他活动。而这反过来又巩固了一种观念的主导地位，即：吸烟是一项几乎可以在任何情况下进行的活动，无论工作还是休息，都不例外。吸烟与休息、与"暂停其他活动"之间一直存在的关联性日渐削弱，人们越来越相信吸烟可以**提升**自己在各项任务及活动中的表现。人们相信，在工作时，烟草可以让自己精力集中；在从事单调乏味的活动时，烟草可以让自己思维活跃；经历压力性事件后，烟草可以让自己精神放松。简而言之，烟草的适用场景增多了，可以与吸烟同时进行的活动也增多了。此外，吸烟行为是由肢体的许多小幅**动作**共同完成，因此，对于需要久坐不动的人，比如伏案工作者来说，吸食香烟在某种意义上可以被看作是从工作中得到解脱的一种方式。

其次，一些生物药理过程和社会心理过程也在左右着人们的烟草使用体验，这两类过程之间的平衡一直在改变，香烟的温和性标志着这一平衡迈入了一个相对高级的"阶段"。我的意思是，自 16 世纪以来，西方一直在向着更温和的烟草迈进，增加了社会心理维度在烟草使用体验这一天平上的分量，此外，烟草效力的削弱也减轻了生物药理维度在这一天平上的分量。也就是说，若将19世纪末、20世纪初的温和版烟草（尤其是香烟）与之前几个世纪的主流烟草进行对比，前者带给吸烟者的使用体验更不明确、更难"定论"。因此，相较于以往任何一种流行烟草，当代西方香烟才最适合19世纪末、20世纪初日益追求烟草**功能个性化**的西方吸烟者。

总结一下本章内容，我们可以认为，吸烟再度成为流行的烟草使用形式，尤其是香烟作为烟草使用媒介在19世纪末、20世纪初的崛起，标志着西方烟草使用的发展进入了更高级的"阶段"；在这一时期，始于18世纪的一些变化过程似乎加快了发展速度。尤其是更温和、更"易使用"的烟草类型的出现，标志着烟草使用者进一步摈弃了对失控的追求，加快了向高受控、区别化和功能个性化的使用方式的转变（此处的"易使用"是指吸烟者不再需要经历漫长的习惯过程）。此外，人们也越来越倾向于将烟草用作自我控制的工具。

烟草确实在快速地向更温和的形式转变，但截至20世纪初，这一转变的驱动因素都不包括人们对烟草相关健康风险的担忧。事实上，正如前文所见，起初，香烟的温和性反而还**增加**了人们对它潜在致病性的担忧。人们之所以继续追求更温和的烟草类型，其实是与**文明化**的进程有关。在此，我要重申一个核心观点：人们不仅开始追求更**受控**的烟草使用方式，还越来越多地将其用作自我控制的工具。人们开始将烟草视为对抗文明生活弊病的工具。在18世纪，烟草使用的日益个性化表现在鼻烟混合物的成分上，进入19世纪末、20世纪初，这种个性化就表现在烟草的**功能**上。有些人将烟草用作镇静剂，有些人将烟草用作兴奋剂。烟草的功能可能因人而异，因情况而异，更关键的是，因它所**补充的**活动或不活动而异。人们在理解、使用和体验烟草时，不再将其视为一种助人**摆脱**常态的物质，而是将其视为助人从各种心理状态、情绪状态中**恢复**正常的药物。在这一时期，随着上述变化的发生，将烟草视为身体疾病治疗药物的观念似乎迅速衰落了。在19世纪末、20世纪初，烟草使用文献及其观念越来越重视烟草作为精神药物、"神经"药物以及控制感受与情绪的药物的角色。

下一章的重点就是这些观念在整个20世纪的发展变化。

第3章 烟草使用与临床意义上的身体：20世纪西方的烟草使用

　　卫生教育局（HEA）完成的一系列报告详细列出了吸烟给卫生当局及地方政府辖区增加的成本。据这些报告估计，每年因吸烟而生病住院的人数为28.4万人，平均每天占用9500张床位，每年给英国国民医疗服务体系（NHS）增加超4亿英镑的成本。在后来的一项估计中，卫生教育局将初级卫生保健成本也纳入了考量，认为仅英格兰和威尔士的吸烟相关疾病就给英国国民医疗服务体系增加了高达6.11亿英镑的总成本。据英国皇家内科医师学会（Royal College of Physicians）1977年的估计，因吸烟诱发疾病而造成的年均工作日损失高达5000万天。（BASP 1994: 119）

　　本章选择以这段引文开头，并非因为它是特例，而恰恰因为它在20世纪末的烟草使用观念中**非常典型**。烟草，尤其是香烟，已经开始成为经济与公共卫生方面的重大担忧。而这两大担忧之间的界限在日渐模糊。引文用数字详细说明了英国国民医疗服务体系承担的吸烟相关成本，并通过每年5000万个工作日的损失说明了工业所承担的成本。看到这些数据，真是令人忍不住要拿英国政府总收入中的香烟税来进行对比了，抛开政府的其他烟草相关收入不谈，仅1988年的香烟税一项就高达52亿英镑左右（BASP 1992：9）。这些统计数据已经开始主导当前围绕烟草使用的种种争论，而这一现状本身就意义重大。我们几乎可以非常肯定地说，香烟在英国所有烟草消费中的占比非常高，以1992年为例，该比例高达92%（BASP 1994：117）。我们也可以近乎肯定地说，尽管近年来英国成年人吸烟的比例在迅速下降，从1980年的39%下降到了1992年的28%（113），但英国国内烟草市场的规模仍在欧盟各国中名列第二（123）。

这些统计数据不仅展现了20世纪统计学技术的进步，也反映出数据背后的人口趋势，以及烟草使用观念的一些重大转变。无论是对英国国民医疗服务体系所承担的吸烟相关成本的计算，还是对每年因吸烟相关疾病损失的工作日数量的计算，都体现了医学认识的一些根本性改变，以及人们对香烟和疾病之间种种关联的广泛认同，不过直到前些年，这些关联才被视为香烟与疾病之间的**因果链**。前些年的一篇论文《烟草产品税》（*Taxes on Tobacco Products*）探讨了"是什么在阻碍政府提高烟草税"（BASP 1992：8），并基于这一问题，提到了诸多因素："对通货膨胀的影响""对穷人的影响""对就业的影响""对政府收入的影响""对走私的影响"。从这篇文章中可以看出，在烟草的种植、零售、生产、消费、广告、营销和管理环节中，**相互依赖的链条正在不断延伸**。在分析这些相互依赖的链条时，分析者通常会将每个"因素"（比如，对穷人的影响、对走私的影响等）都**概括为**一种统计趋势，然后再利用相关性、交叉表等统计方法，将这些趋势与其他趋势进行比较。正如后文将看到的，这种**分析风格**已经开始主导当前有关烟草使用的争论。

本章的核心目的是，研究这些西方主流烟草使用观念与**医学化**、**大众消费化**、**个性化**和**非正式化**等诸多变化过程之间的相关性。这些观念都围绕着有关统计学推断的争论。我将特别关注自 19 世纪末以来医学烟草观的种种变化，并探讨这些变化之间的关联，以及烟草支持者与反对者之间争论的变化。为此，我将探究烟草使用观念从 20 世纪初至今的种种变化：从关注烟草使用行为所带来的短期、即时可见的影响，到关注长期、不可见影响的转变。我对这一转变的探究，不仅仅是为了了解烟草使用是如何与肺癌等疾病联系起来的，也是为了了解这种关注重点的转移是如何改变人们对烟草使用行为本身的看法的：临床医学观念开始越发受到重视，这种观念认为烟草使用是一种**瘾**，烟草使用者会"受制于"烟草使用的种种过程。

有关"自由"与"控制"的争论已经开始主导当代的烟草使用观念，我将着眼于这些日益凸显、日益重要的争论。我还将探究过去几个世纪中的"**礼俗式**吸烟社会"是如何向"**法理式**吸烟社会"（smoking *Gesellschaft*）加速转变的，在"**法理式**吸烟社会"中，吸烟者只在私人场合独自吸烟，有效地将吸烟行为推到了社会生活的大幕之后。我还将探究女性吸烟行为的增多，以及一种新烟草使用理念的兴起，即将烟草用作控制肉体（保持苗条）的手段。此外，我还将继续分析前几章提出的主题：探究烟草使用个性化过程的延伸，以及其中存在的一种趋势，即烟草的使用越来越多地被用作**表达自我个性**的方式、宣告自我身份的手段以及展示给他人看的一种标志。我们会看到，从 20 世纪初至今，烟草的强度在持续弱化。我将继续追踪这些日益温和的烟草类型及使用形式的不断普及。我的最终目的在于，利用本章及前文提出的见解，详细探究当代大多数人对烟草的理解、使用和体验。

医学烟草观的转变

早在 1671 年，佛罗伦萨科学家、内科医生弗朗切斯科·雷迪（Francesco Redi）就已发现，将他提取的"烟草油"注入动物血管，会令其死亡（Goodman 1993：115）。但是，受限于当时较低的医学知识水平，雷迪无法识别这种烟草油中的活性成分（同上）。一个多世纪后，分离植物药中的药理成分已经成为医疗行业关注的一大核心要务。事实上，在 1828 年之前，德国医生威廉·海因里希·波塞尔特（Wilhelm Heinrich Posselt）及其合作伙伴化学家卡尔·路德维希·赖曼（Karl Ludwig Reimann）就已成功分离出了烟草中的活性生物碱——尼古丁，并确认了该物质的剧毒属性（116）。事实证明，将尼古丁确定为有药理作用的成分对医学烟草观及大众烟草观的发展至关重要。在波塞尔特和赖曼的研究结果发表后，出现了许多有关尼古丁的化学研究和药理学研究，其中多是探究尼古丁的治疗潜力（116—117）。

上述研究集中在 19 世纪，其中仍然存在大量有关烟草是否有害的争论。不过，这一时期的反烟草运动方式也发生了诸多重大变化。在前几个世纪的争论中，人们反对和打击烟草的声音相对孤立，但在这一时期，许多反烟草协会诞生了，尤其是在英国、法国和美国，这些协会的领袖往往都是有号召力、有影响力的知名人物（Goodman 1993：117）。部分协会非常有针对性，尤其是针对女性群体和青年群体，这就是后来众所周知的反吸烟的"小册子之战"（pamphlet war）（Brooks 1937—1952：173）。典型例子之一就是英国青年反吸烟联盟（The Young Britons League Against Smoking），他们利用名为《A1 或 C3？》（*A1 or C3?*）的小册子瞄准了年轻男性群体，具体方式如下：

> 你知道吗？吸烟会伤害你的视力、你的心脏、你的神经、你的耐受力以及你的意志力。对此，你若有任何质疑，不妨读读下面这些男人的话，他们都认识一些任谁看来都绝不懦弱的男人。
>
> 你知道吗？烟草烟雾中最具活性的成分是一氧化碳，这是一种致命毒药。一点点浓缩的一氧化碳就能杀死一只狗。
>
> 芝加哥大学的 A. A. 斯塔格（A. A. STAGG）老师说："在芝加哥大学，所有真正成功的长跑运动员都不吸烟。"
>
> 海军少将威廉·S. 西姆斯（WILLIAM S. SIMS）是美军在欧洲水域的驱逐舰指挥官。他脑袋硕大，

身材健壮，有着在任何地方都势必引人注意的个性。烟酒不沾的他，直到 57 岁，都仍是一名运动员，一名户外运动的爱好者。

板球运动员霍布斯（HOBBS）说："若要参与板球运动，强大的精神承受力和良好的视力都必不可少，但有成千上万的优秀板球运动员养成了过量吸烟的习惯，将自己的精神承受力和视力置于风险之中。"

吸烟的害处。利弗休姆（Leverhulme）勋爵一直在公开抨击工作时间吸烟的害处，他认为这个习惯会降低效率。你或许注意到，近年来，吸烟者的数量大幅增加。他们存在于工厂、仓库、商店和办公室里，他们的无论手还是脑，都沉迷于吸烟。根据利弗休姆勋爵的说法，在工作或做生意时吸烟会降低吸烟者的办事效率；吸烟者若是老板，迟早会走向破产。利弗休姆勋爵还说，政府部门中普遍存在吸烟现象，若能阻止部门领导及普通职员吸烟，他们就能用更少的人更好地完成工作。人们不能在工作时吸烟，禁烟才能最好地完成工作。（Young Britons League 1919：2—3）

从上文中可以看出这个时代反烟草文献的诸多核心

特征：第一，一氧化碳被称为烟草中的"活性成分"。这一点很耐人寻味，作者很可能是想完全避开尼古丁究竟有益还是有害的争论。这本小册子的作者们似乎刻意避开了尼古丁这几个字，转而将重点放在了一种无疑更"有害"的化合物上。第二，引文中所选的反烟草支持者显然都是（当时所认为的）年轻男性尊重并渴望成为的人：著名的板球运动员、海军少将、大学讲师。如前所述，使用有号召力、有影响力、受人尊重的人物是那个时代反烟草运动的一个典型特征。第三，这一时期出现了一些新的烟草使用观念，先是认为吸烟只是一种补充活动，后又进一步认为吸烟有助于提升工作表现，而从上述引文中，我们可以看到与这些新观念的正面交锋。引文明确表达了异议，认为吸烟会降低生产力，甚至可能导致破产。值得注意的是，该异议不是说，在工作时吸烟无法提升整体的工作质量，而是说，这种行为会导致**效率低下**。从这个意义上来说，这场反烟草运动的方向可能偏了一点，毕竟正如前文所论证的，现代人正在越来越多地利用烟草来对抗工作的单调乏味和久坐不动。最后，也最耐人寻味的一点是，引文中主张烟草有害健康的说法都只有**传闻**证据的支持。当时没有任何广为认可的系统性数据能证明烟草使用与身体不适有关，因此，留给反烟草运动的反击空间并不大。事实上，就连 19 世纪末、20 世纪初科学期刊上刊载的医学证据，也同样存在立足于错误观念和传闻之上的特点。比如，下面这段引自美国喉科学会（American Laryngological Association）会刊的内容：

> 几所顶尖大学通过精确的科学调查发现，完全不碰烟草的人在智力竞赛和学术竞赛中的获胜比例远远高于其他群体。圣路易斯最著名的报童萨米（Sammy）……发现，在其他条件相同的情况下，若论报纸的销售能力，不使用烟草的男孩要远远强于爱咀嚼或吸食烟草的男孩。（引自 Mulhall 1943：716）

上文提到了智力竞赛，这反映出，当时之人正越来越关注烟草对大脑和神经系统的影响。这种关注的增加可能部分源自医学烟草观的改变，但究其根本，还是与烟草越来越多地被用作控制情绪的手段有关（正如第 2 章所述）。当时出现了许多探讨类似问题的报道及文献，比如，探讨烟草是会引起精神"紊乱"，还是能治疗精神错乱：

> 科尔蒂斯（Cortis）博士生活在一个以钓鱼为生的城镇，有机会观察当地渔民的生活和健康状况。他［在 1856 年时］说，当地渔民平均每人每周吸1/4 磅的烟，但很少喝酒，通常就每周六晚上喝上一

两杯啤酒。滥用烟草让他们出现了消化不良、焦虑紧张、精神抑郁和舌头麻痹的问题，偶尔伴有咽喉问题，会导致说话困难、吞咽困难以及唾液持续滞留口腔。（Koskowski 1955：950）

　　根据我自己的经验，我相信适度使用烟草有助于治疗精神错乱。科纳利（Conally）医生是这一领域最杰出的权威，他甚至建议在半夜给焦躁不安的病人使用烟草。在精神病患者中，女性占多数，这一事实足以反驳声称烟草会导致精神疾病或让人易患精神疾病的理论。（Bucknell 1857：227）

耐人寻味的是，在第二段引文中，作者不仅认为女性吸烟比例低，还认为女性比男性更容易罹患精神疾病。我们很难确定这番言论究竟是随口一说，还是真的想用作科学观察结论。不过，当时的普遍观点似乎还是认为女性精神错乱与女性吸烟有关。卡森（Carson 1966：230）就曾讲过一个故事，1900 年时，一名女演员只是因为吸食香烟，就被纽约治安法官送入了贝尔维尤医院的精神科病房。人们担心烟草的使用可能引发精神疾病，而这种担忧尤其集中在年轻吸烟者身上。1898 年 3 月 9 日的《卡瓦可公报》（*Kawakee Gazette*）为我们提供了一个非常有趣的例子：

今天下午，中央车站发生了一件令人同情之事。3点，火车到站，一名中年男子押着一个男孩下了车。在男子询问如何前往精神病院时，男孩在他身旁哭得非常伤心。一名路人出于担忧，开口询问。男子告诉他，这个男孩因为吸食香烟，已经疯掉了。尽管男孩看上去不满 14 岁，但比起纯净的空气，他更喜欢吸入烟草烟雾，男子要将他送到医院接受治疗。所有吸烟成瘾的男孩都应该以此为戒，好好吸取教训。（引自 Bell 1898：465）

贝尔（Bell）从同时期的不同报纸上收集了不少耸人听闻的标题：《香烟使他发疯！》《威廉·詹金斯，因为吸烟从前途光明的学生沦为喋喋不休的乞丐》，以及《因香烟而疯狂》。从这些标题与上述引文中的语气可以明显看出，许多报道的目的都非常明确：劝年轻人不要吸烟。另外，还有许多报道出于类似的目的，引用了大量年轻人被烟草**毒害**的例子：

他在 22 岁时出现了胸痛、气短的问题，无法工作。自此以后，除了吃、睡、吸烟，他什么都不做。他不喜欢喝啤酒，也不喜欢喝烈酒，他就喜欢坐在炉火边，一边吸烟，一边看体育报纸。

他会突然晕厥，晕厥时，全身上下只有嘴在微微颤抖，他只能躺着，静待身体恢复。他的体力和精力都在一天天流失。

他的现状（7月14日）：眼神呆滞，毫无生气；脸色发青；脸颊凹陷，骨瘦如柴。他面无表情，似乎对一切都漠不关心。他变得非常固执，拒绝穿干净的衬衫，拒绝上床睡觉；他已经好几天没吃东西了；他回答我的问题时，总是一脸茫然；他仿佛一直陷在梦中；他从胃中呕出了泛着很多泡沫的液体；他牙龈肿胀发软，舌头也黄了。第二天，当我被派去看他时，他已经晕厥。最终［17天后］，他就那样坐在椅子上，默默地离开了这个世界。（Tidwell 1912：74—75）

一名14岁的青少年，为了治牙疼，花15美分买来烟草，吸完后不省人事，当天夜里就去世了……一名22岁的医学生，在吸完一烟斗的烟草后，陷入了一种可怕的状态——心脏几乎停止跳动，胸腔收缩，呼吸极其痛苦；四肢蜷缩着；瞳孔对光失去反应，一个扩散，一个缩小。这些症状在逐渐减轻，但直到40天后才彻底消失。（Trübner 1873：10）

这些故事可能不完全是捏造的。故事中的主人公可能确实曾因烟草或烟草中掺杂的其他物质出现过不良反应。又或者，他们的这些症状完全是源自截然不同的病理，却被错误地归咎于烟草的使用。不过，这些高度视觉化、情绪化、事无巨细的描述似乎表明，这两篇报道的撰写目的都是劝年轻人不要吸烟，尤其是第一篇。此处需要特别注意的是，这一时期所用烟草的效力普遍强于现在所用的烟草。就算是在这一时期被视为极其温和的香烟，其可释放的尼古丁含量也要高于现代香烟，不仅如此，这些香烟中还有可能被掺假者混入了许多有毒物质。另有一些作者，他们没兴趣支持反烟草运动，甚至可能**支持**使用烟草，但他们的文章似乎也证明了当时所用烟草的效力很强：

　　　　过量吸烟的害处众所周知——眩晕虚弱、恶心想吐、头晕眼花、肌肉松弛、四肢无力、冷汗涔涔、难受呕吐。泄气、心情低落或抑郁偶有发生。瞳孔扩大、视力模糊、脉搏微弱、呼吸困难都是常态。新鲜空气和兴奋剂能迅速消除这些症状。烟草的所有不良影响都是暂时的，这一暂时性确实是烟草的一大显著特点。烟草永远不会对身体造成永久性的伤害，它的一切影响都是暂时的，一旦戒烟就会消失。（Penn 1901：302—303）

佩恩认为过量吸烟的害处"众所周知"，这个观点十分有趣。现代吸烟者对这些害处可能并没有那么熟悉，他们可能只在习惯烟草的初期稍有体验，且症状远没有引文中描述得那么严重。

有人将尼古丁确定为烟草中最重要的药理作用成分及剧毒物质，这大大增加了人们对烟草中毒的担忧。反烟草**运动**其实算是挪用了这一观点（在这一时期，我们可以开始称之为"运动"了）。同样值得注意的是，这一时期的反烟草作家并未明确区分哪些反烟草论点是道德上的，哪些是医学上的。有个特别好的例证来自田纳西州最高法院 1898 年的反香烟法规：

> 香烟是合法商品吗？我们认为不是。香烟就是毒物，对健康有害。吸食香烟百害而无一利。香烟毫无优点，只有缺点，本质上就是坏的。香烟在任何领域都不具备真正的价值或用处，反而是因极为有害遭到了广泛谴责。无论如何使用香烟，都会削弱人的体力和精力，这一点毋庸置疑。（Tennant 1950：134）

尽管这些论点都没有系统性科学数据的支撑，但影响力很大，足以影响田纳西州的立法。另有证据显示，英国这一时期的反烟草运动也开始对政府立法产生巨大影响。例如，古德曼指出，1908 年通过的《儿童法案》"至少采纳了反烟草运动支持的一些论点"（Welshman 1993：118）。该法案规定，禁止向 16 岁以下儿童出售烟草，警方若发现有儿童在公共场所吸烟，可将其烟草没收（Welshman 1996：1379）。

正如前文所述，在 19 世纪末到 20 世纪初，人们的烟草使用观念主要围绕着尼古丁的短期**即时**影响。究其原因，部分源于难以将烟草的使用融入到当时日益占据主导地位的医学话语之中，尤其是融入到细菌理论之中（Goodman 1993：120）。在 19 世纪 80 年代，路易斯·巴斯德（Louis Pasteur）、罗伯特·科赫（Robert Koch）等著名科学家提出了细菌致病理论，这一理论得到了公众的认可，也逐渐占据了主导地位，标志着公众对健康、对如何维持健康的看法发生了巨大转变（同上）。在这一时期，有越来越多的医生建议将清洁和卫生规则作为传染病预防的关键。在这样的医学范式中，烟草极难被确定为疾病的诱因（同上）。

最有趣的是，在这一时期，医生们之所以提倡吸食香烟、反对咀嚼烟草，只是因为前者比较少诱人吐痰，而吐痰会传播细菌（Goodman 1993：120）。吐痰正是医生们最初反对烟草的原因之一。这一医学立场与前几个世纪并没有太大不同，当时也有人因吐痰有违**礼仪**、**美学或道德规范**而反对使用烟草。正如前文所述，尽管在过去的几个世纪中，人们认为吐痰是排出多余黏液、维持体液平衡的一种方式，对健康有益，但仍反对吐痰。后来，进入19世纪末、20世纪初，临床与生物医学角度的身体理论逐渐开始占据主导地位，这推动了人们对细菌理论的认可，也为反对吐痰提供了**医学**依据。

不过，就这一发展中的医学范式来说，烟草的使用很难被视为病原体，因此，为了了解烟草对健康的潜在威胁，医学研究人员开始收集相对粗略但相关性高的生物统计数据。尤其值得注意的是，这些医学研究人员开始越来越好奇烟草的使用是否可能与**癌症**有关。下文可以明显看出当时所用数据的特点：

> 口腔黏膜总是或轻或重地发炎，如果持续刺激口腔，往往会诱发唇舌癌。J. C. 沃伦（J. C. Warren）医生说："在过去的20多年中，我一直有个习惯，每次有口腔癌症（牙龈癌、舌癌和唇癌）患者来找我看病，我都会问他们是否使用烟草，如果使用，那是咀嚼，还是吸食。如果他们第一个问题的答案是'否'，那据我所知，真的是例外中的例外。"（Cowan 1870：30）

如今，有一种众所周知的疾病，由于被普遍认定为由烟草导致，M. 布伊松（M. Bouisson）甚至将其命名为"吸烟者的癌症"（*cancer des fumeurs*）。我将简要介绍一下布伊松对这种疾病的研究。吸烟者的癌症是一种现代疾病，不幸的是，这种疾病在医院和私人诊所都非常常见……［他总结道，］在易患病的国民眼中，烟草烟雾可能是最容易诱发口腔癌症的因素之一。（English Mechanic 1872：8）

正如前文有关尼古丁中毒的文献一样，19 世纪医学文献在描述烟草使用与癌症之间的关联时，似乎也夸大了研究结果，归根结底，可能也是为了劝人们不要使用烟草：

当时，他的舌头已经肿大、变硬，表面覆盖着一层白色的硬壳，有点像名为"亲吻"（Kisses）的甜点……这名患者问阿斯特利（Astley）先生［治疗他的医生］："如果我来得够早，有被治愈的可能吗？"阿斯特利先生说："先生，你这病，无论来得多早，都不能确保治愈；你舌头上的每一根纤维、每一个乳突都病变了；若在你患病的那一刻就用手枪抵住你的头，可能都是一种仁慈。"（Heywood 1871：10）

从上述引文中可以清楚看出，烟草已被视为"刺激物"或"诱因"。但当时并没有谁给出烟草如何**诱发**癌症的明确解释。有趣的是，当时的关注焦点是口腔癌症而非肺癌——可能在当时之人看来，无论是吸烟还是咀嚼，口腔都是与烟草发生最直接、最即时接触的器官，此外，19世纪对肺癌的关注程度本身也没有20世纪这么多（这一点会在后文中简要说明）。前文所说的烟草使用与癌症之间的关联主要建立在粗略证据的基础之上，直到20世纪30年代才开始出现更系统、更全面的生物统计数据。在美国，医疗保险统计学家弗雷德里克·霍夫曼（Frederick Hoffman）1931年的研究和生物统计学家雷蒙德·珀尔（Raymond Pearl）1938年的研究都从统计学角度证明了吸烟与死亡有关（更准确地说，霍夫曼证明了吸烟与肺癌死亡有关）（Goodman 1993：124）。他们同样没有就这种关联给出确切的解释（125）。就在这些研究发表后不久，科研人员便开展了大量的动物实验，试图通过在动物皮肤上涂抹尼古丁来诱发癌症（同上）。尼古丁被怀疑是烟草中最有可能致癌的物质，这表明尼古丁已成为人们关注的焦点（同上）。从霍夫曼、珀尔等人的研究中也能看出，人们对癌症本身的看法已经发生了重大转变。不过，最核心的改变还是在理解癌症和诊断癌症的方式上。事实上，医学本身正在经历根本性的变革：

新的临床医学范式（即新的**话语**[1]）出现，并开始逐渐占据主导地位，这种话语提供了新的看待和理解人体与疾病的方式。临床医学话语的兴起改变了医学观念，这些改变正是米歇尔·福柯在《临床医学的诞生》（*The Birth of the Clinic*，1973）中所探讨的核心。为了清楚解释烟草使用观念在**医学化**进程中的改变，我将就福柯的研究展开较为详尽的探讨。

米歇尔·福柯有关"临床凝视"（Clinical Gaze）出现的研究

在 19 世纪以前占据主导地位的是分类医学体系，福柯研究的是，该医学体系是如何被临床医学迅速取代的。福柯认为，前者的核心原则一如 J. I. 吉尔伯特（J. I. Gilbert）所言，"绝对不要在确定疾病种类之前开始治疗"（引自 Foucault 1973：4）。分类医学关注的核心在于，如

---

[1] 对于福柯提出的"话语"概念，希林（Shilling 1993：75）是这样解释的："话语是福柯研究中最重要的概念，尽管这一概念不能被简化为'语言'，但其最关注的就是语言。话语可以被视为包含特定'意义网络'的'深层原则'的集合，这些原则是所有所见、所思、所言之间关联的支撑者、催生者和确立者。"后面，我在介绍福柯的研究时会再进一步解释这一概念。

何将疾病划分到不同的科、属和种。分类医学认为疾病并不由它们在器官中的存在本身所定义，疾病是半自主的，并不完全受身体控制；而身体是一个二维平面，疾病可以从这个平面上的一点传播到另一点，但保持自身本质不变。疾病的分类依据是其与**其他疾病**之间的关联；因此，医生的核心目标就是确定疾病在疾病分类学中的本质属性。值得注意的是，死亡被视为身体失常的最终结果，标志着医生治疗能力的极限与疾病本身的结局（140）。

福柯指出，现代临床医学（自称）可追溯到 18 世纪的最后几十年。关于现代医学的诞生，有一种**颇具神话色彩的说法**是，医生们取下了充满幻想的眼罩，突然就拥有了看清眼前的能力。当经验开始战胜理论，认识论的净化（epistemological purification）便开始了。新出现的临床医学被一种特定的"凝视"（gaze）主导着，或者说被一种观察、理解、解释并最终控制人体的方式主导着。福柯指出，这一切的出现其实**并非**源自对"认识论的净化"，而是源自对疾病**可见性**限制的重构。在 18 世纪末、19 世纪初，医生们逐渐拥有了看到过去不可见之物的能力，但这并不是因为"眼睛睁开了"，而是因为有关身体的概念变了：临床话语出现了。

　　在认真回溯自己的过去时，［现代医学］把自己实证性的起源等同于对超越一切理论的有效的朴素知觉的回归。事实上，这种所谓的经验主义并不是基于对可见物绝对价值的重新发现，也不是基于对各种理论体系及其所有幻想的预先摒弃，而是基于对终于显现出来的秘密空间的重构；当千百年来的凝视停留在人类的痛苦之上时，这个空间被打开了。在第一批临床医生具有启发性的凝视之下，一切色彩和事物都变得鲜活起来，这种变鲜活的方式以及医学感知的复苏，并不仅仅是神话而已。19世纪初的医生们描述出了过去数百年来都不可见、不可名状的东西，但这并不意味着他们摆脱了对推测的过度沉迷，重新恢复了感知，也不意味着他们听从于理性而非想象；这只是意味着可见物与不可见物之间的关系改变了结构，通过凝视和语言揭示了过去不在医生可见领域之内的东西（可见物与不可见物之间的关系是一切具体知识所必不可少的）。语言与事物之间结成了新的联盟，让人们拥有了更多**看与说**的能力。（Foucault 1973: xii）

福柯提到了"可见物"与"不可见物"之间关系的重构，这也与诸多**社会**变化有关。医疗行业的组织形式正在日益集中化；患者被"包裹"在同质的"空间"中：

新型医疗机构（包括新医院和"诊所"本身）兴起，医学观念的组织形式也开始集中化。医学的中心不再是以理论为基础的讲堂，而是医院本身。经验在产生的同时，也在经由医生传递给学者。重要的是，福柯指出，这些变化为医学进一步"走入"人的身体奠定了基础。医生们拥有了前所未有的"解剖一些尸体"的能力（Foucault 1973：124）。福柯认为，人体深处藏着一个黑色的保险柜，里面一片漆黑，疾病就曾藏身于这片黑暗之中，后来，临床凝视之光驱散了黑暗。也就是说，解剖让医生们从物理意义上"打开"了尸体，走入了人体内部。从此，死亡不再标志着医生能力的极限，而是成为了临床凝视的解放者。

最重要的是，这种凝视由新的理解方式和表达方式构成；它为医学知识的获取开辟了新的可能性。在这些变化之中，诞生了有关疾病与因果关系的新概念：表面症状是由深层结构损伤引起。医生的作用是找到并理解疾病发生的机制：疾病发生的具体因果关系。

福柯认为，医学已经成为所有科学的奠基科学。生物医学及临床医学意义上的人体成为了这一新兴医学话语的中心，扮演着至关重要的角色。这一转变与福柯在1979 年出版的《规训与惩罚》（*Discipline and Punish*）中概述的过程一致。书中，福柯探究了人体被用作社会控制工具的方式的转变。福柯指出，过去的社会控制主要是对人体的**外在**控制；随着医学话语的转变，社会控制已经在逐渐**内化**。官僚体制的严格惯例、新的"总"机构、新的权力技术已经"具身化"。在福柯的分析中，身体成为了一个**微观政治学**体系的中心。医学本身成了一种社会控制的制度，该制度拥有新的监视方式以及日益专业化的设备，可以穿透人体表面，审视**表面之下**的存在。随着细菌致病理论的兴起，社会上出现了严格的身体卫生规则——"健康的生活方式"，在福柯看来，这些规则就是一种独具特色的社会控制形式，这种形式的社会控制是通过特定医学话语日益提高的主导地位来实现的。此外，X光技术、听诊器等体内探查诊断工具的推广，以及解剖频率的提高，**都对现代癌症观念的发展起到了至关重要的作用**，也都在福柯所说的向临床及生物医学话语的转变过程中拥有一席之地。福柯认为，"临床凝视"终将推动用于调查、监视和探索**整个社会**的各项技术的扩散，这些技术包括调查问卷、民意测验以及生物统计技术。其中，生物统计技术非常重要，是流行病学的核心。

因此，临床凝视及其所包含的独特的"看与说"的方式，已经开始越来越多地覆盖到社会生活的方方面面。在这一时期，预防医学的范围得到了拓展，还出现了针对特定社会群体的专门医疗机构，包括儿童精神病医院、妇科医院和老年病医院，从福柯的角度来看，这些都与临床话语主导地位的提升有关。就连日常用语中，医学类比的使用也越来越普遍：比如，"治疗社会'弊病'"的概念、经济学家所说的"病态经济"以及"不健康的英镑"。后来的作者们将这一过程称为**医学化**。

烟草使用的医学化

烟草的使用是一种迅速普及、高度可见的社会实践，若按照福柯的思路，烟草使用医学化的时机已经成熟。若能确定烟草使用与迅速获得"20世纪之癌"称号的肺癌有关，或许就能将烟草的使用纳入临床医学的话语之中。确定这种关联的证据必须更具系统性，不能是19世纪那种间接相关的个例研究。事实上，基于新兴临床医学范式的要求，研究者必须找出吸烟**导致**肺癌的确切**机制**。但正如前文所述，"烟草致病"这一观念起初极难融入临床医学范式之中——很难找到烟草与疾病之间的具体因果关系。正如勃兰特（Brandt）所言：

> 这家市政实验室已成为［20世纪］公共卫生的新焦点。在这家实验室中，研究人员就算发现了环

境风险或行为风险，也一贯是将研究重点放在肺癌的形成**机制**上。由于他们的研究以细胞水平为中心，整个统计推断的概念都受到了质疑。在他们的研究中，暴露于致癌物就等同于暴露于有传染性的微生物，因此很难将吸烟等特定行为确定为健康风险。肺癌形成前的"潜伏期"很长；还有大量干预变量会混淆肺癌与吸烟行为之间的具体因果关系。因此，你可能会发现，所有"**风险暴露者**"都没有罹患肺癌（其中大多数确实没有）；但有些不是风险暴露者的却患了。此外，从更广义的文化角度来说，人们对相对风险评估的概念也不太适应。香烟到底有多危险？这个危险程度与其他风险比起来谁更严重？最后，就当时的医学理论而言，几乎没有有说服力的模型可以解释系统性疾病和慢性疾病；吸烟行为的反常之处与生物医学模型所认为的那种具体因果关系不符。（Brandt 1990：160；本书作者增加了强调）

不过，面对疾病模式的不断改变，原本遵循这一主流医学范式的医学研究人员不得不做出改变。医生和统计学家认为，肺癌发病率的上升明显是个例外，与该医学范式下的所有疾病模式都不相符（Brandt 1990：160）。与西方其他许多地区一样，美国的肺癌病例也在迅速增长：从 1900 年的 400 例一路飙升到 1935 年的 4000 例、1945 年的 1.1 万例和 1960 年的 3.6 万例；到 20 世纪 80 年代中期，肺癌已成为最常见的癌症，每年有 14 万人因肺癌而死（同上）。观察家们曾提出各种理论，试图解释肺癌的急剧增加：疾病诊断与识别技术的进步；疾病报告机制的优化；预期寿命的延长，给了肺癌足够长的形成时间，过去之人可能只是在肺癌形成之前就死了；X 光使用的增加等（161）。但是，正如勃兰特所言，"一些医生和公共卫生官员曾指出，香烟吸食行为的兴起是［西方］文化史上最巨大的行为改变之一，催生了大量针对吸烟风险的流行病学研究。这些研究也推动了对风险、流行病学和公共卫生的再定义"（同上）。

因此，若要将肺癌与烟草使用之间的关联解释清楚，必须重新考虑临床医学范式中的三大核心问题：**因果关系的本质**；肺癌独特的**形成机制**；以及**证据的来源**。临床凝视必须得做出改变，适应流行病学这一相对较新的框架。"具体因果关系"被远比它复杂的因果观所取代，这种因果观所用标准建立在多种因素之上：一致性、暂时性、强度、独特性，以及烟草使用与死亡率之间统计关联性的可靠性（Gusfield 1993：58）。肺癌的形成机制也必须要从**诱因**的角度重新考虑，一如研究有毒或有传染性的病原一样。因此，研究人员做出改变，采用了"**潜**

伏"的概念。此外，证据的收集方式也变了，不再是"进入人的身体"，而是"进入社会的身体"。

上述三大转变就是 20 世纪烟草使用观的核心所在。烟草使用的日益**医学化**推动了研究焦点的改变，研究人员不再只注重烟草的短期影响。这里，我想再次引用佩恩（1901：303）的话："烟草永远不会对身体造成永久性的伤害，它的一切影响都是暂时的，一旦戒烟就会消失。"这种说法显然有悖于疾病的"潜伏期"概念。曾经，人们主要关注尼古丁的短期性、即时性、毒性和精神活性，20 世纪，人们开始研究烟草作为病原的长期影响，这一转变不仅影响了现代人对烟草诱发疾病的看法，也影响了现代人对吸烟行为本身的看法，且影响巨大。自相矛盾的是，这一转变也大大推动了年轻人烟草使用比例的上升。烟草与其他所有潜在病原一样，都被视为**令人痛苦**之物。人们认为烟草的影响不是立即**可见的**，而是长期隐性的，因此属于**不可见物**，需要通过临床凝视来发现（临床凝视的范围已经在流行病学技术的帮助下大大拓宽了），人们的这种观念标志着烟草使用观的另一关键转变。

事实上，这些观念后来又得到了进一步拓展：最初，临床凝视只关注烟草作为病原的作用，后来，临床凝视被越来越多地应用于人类吸烟原因的探究。临床医学话语的发展颠覆了人们对癌症的理解，也颠覆了人们对药物使用的理解。一个沿用了数百年，且偶尔被用于烟草使用的术语"**成瘾**"迅速有了新的**临床医学**含义：通用、隐性的生理过程，人们需要在某种观念形成之前从中抽离出来。最终，这种理解上的转变为当今占据主导地位的尼古丁自我给药模式奠定了基础。最有趣的是，将烟草视为病原与将烟草使用视为成瘾行为的观念逐渐合二为一：烟草使用逐渐被视为一种**成瘾性疾病** [1]。

---

[1] 举个例子，1957 年一篇题为《烟草吸食这一疾病及其疗法》（*The Disease of Tobacco Smoking and Its Cure*）的文章写道："吸烟是由吸烟者传播的。吸烟者每点一次烟，都是在重申自己对吸烟行为的支持，以及对不吸烟的反对，就算他们嘴里说着反吸烟，都不如他们的身教有影响力。而每一句赞赏吸烟的话也往往会传播这一疾病。事实上，每个吸烟者都富有传染性，他们已自动化身为烟草的无偿广告。吸烟与肺结核一样，往往是一人得病，全家传染。这种疾病的形成及发病年龄基本取决于儿童是否从幼年开始就大量接触传染源，即是否在吸烟家庭中长大。……不吸烟者的心理感染一般来自关系亲近的吸烟者的劝说。'老爹，来支香烟吧''这对你有好处（或能稳定你的情绪）''别那么闷闷不乐的（或别跟个娘娘腔似的）''这年头，人总得找点乐子（或安慰）''人总得有一个无伤大雅的坏习惯，人太好了可不行'。"（Johnston 1957：10—11）

这段话体现出的意图十分有意思，作者试图将烟草使用本身描述为一种有传染性的病原，可以通过社交活动传播疾病。

193

正如上面那段引文中勃兰特所强调的，在临床医学兴起的早期阶段，整个统计推断的概念都受到了质疑。这些质疑围绕着一切统计推断形式的有效性，以及反烟草理论对流行病学研究的依赖性（这一依赖性本身就存在固有矛盾）。当时的亲烟草团体，特别是烟草公司，牢牢抓住了这些质疑。事实上，在当今有关吸烟和问责制度的争论中，这些质疑仍然具有巨大的声量。正如勃兰特所言，"这场争论揭示了人们对在生物医学领域运用统计学逻辑及定量方法的更深层次的不安，而这一趋势延续至今"（1990：163）。然而，正如本章开篇引文所言，流行病学数据（更广义来说是统计数据）已经开始主导我们对烟草使用的理解。越来越多的流行病学研究将肺癌等诸多疾病与我们所理解的"生活方式选择"联系了起来，这些选择涉及生活的方方面面，比如，吸烟、饮食、酒精、压力应对、运动和性行为，最终，正是通过这些研究，才逐渐让烟草使用成为了一个在**道德**与**医学**上都令人担忧的问题（Gusfield 1993）。

恩斯特·温德尔（Ernst Wynder）医生及埃瓦茨·格雷厄姆（Evarts Graham）医生都是率先掀起对烟草使用开展流行病学研究这一新浪潮的人。他们研究了 605 名肺癌患者的烟草使用行为，其中 96.5% 的人有 20 年烟龄，且每天至少吸 10 支香烟（Diehl 1969：22）。英国医学研究理事会的一项研究（1951）紧随其后，该研究的研究者是理查德·多尔（Richard Doll）和布拉德福德·希尔（Bradford Hill）。他们先是找了 709 名住院的肺癌患者，然后又找了 709 名年龄与性别相同但没有肺癌的患者，分别记录下这些人的烟草使用习惯。研究表明，吸烟与肺癌之间有着很强的关联性，更关键的是，肺癌患者中有很大一部分是重度吸烟者（Diehl 1969：22）。另一项重要研究（1954）来自 E. C. 哈蒙德（E. C. Hammond）和 D. 霍恩（D. Horn）。哈蒙德和霍恩发现，吸烟者的总死亡率远高于不吸烟者的总死亡率，吸烟者和重度吸烟者的肺癌死亡率分别是不吸烟者的 3~9 倍和 5~16 倍，以及戒烟可以大大降低罹患肺癌的风险（Brandt 1990：162）。

然而，事实证明，吸烟与疾病有关的观点之所以能得到广泛认可，20 世纪 60 年代发生的各种事件发挥了关键作用。英国皇家内科医师学会和美国卫生部长在参考了 20 世纪 50 年代及 60 年代初的大量研究后，分别于 1962 年和 1964 年得出结论：香烟吸食者患严重疾病的风险特别高，若能戒烟，则可大大降低这一风险（Goodman 1993：126）。这些事件标志着西方烟草使用发展历程中的一个重要"阶段"，因为它们不仅让"烟草与疾病有关"

的观点得到了医疗行业的正式承认，也表明烟草使用**医学化**的日益成功。

对"吸烟与致命疾病有关"的正式承认推动了各种进程的发展：

> 首先，随着烟草行业存在有权势的既得利益者的事实越发清晰，烟草也被提上了政治议程，亲烟草势力与反烟草势力几乎是瞬间爆发了一场激烈的战争。亲烟草势力包括烟草公司、一些政府机构、烟草生产商和一些消费者，反烟草势力包括消费者压力集团及其他一些政府机构。这两大势力之间的分界线从未完全清晰过，而且一直处于变化之中。政府在其中扮演的角色受到了密切关注，主要原因有两点：一是，政府有责任保护消费者免受潜在危险物质的伤害；二是，政府要保护自己的财政利益与选民利益。（Goodman 1993：126）

在这里，其实我们已经可以看出自由意志主义的困境了。在围绕烟草使用的争论中，该困境一直存在，且居于核心位置，它的表现形式如下：一是，面对具有潜在致命性的生理过程，政府是否应该出手干预，保护民众免受其害（临床医学的争论）？二是，政府是否应该限制个人的吸烟自由（烟草公司称之为自由）、市场的自由，以及它自己的利益呢？从这些问题中可以看出，吸烟是"好"是"坏"的道德争论是如何向更"政治"化的争论转变的，这些政治争论完全取决于围绕**个人自由**（*individual freedom*）的自由主义概念。这一困境也围绕着**国家**在烟草使用监管中所扮演的**角色**，因此，我们还能看出，这一转变其实与烟草使用支持者和反对者之间争论的日益**制度化**（*institutionalization*）有一定关联 [1]。

到了 20 世纪 50 年代，支持吸烟与肺癌有关的系统性医学证据开始增多，对此，烟草公司一开始采取的是三大应对举措：第一，质疑这些新统计数据的有效性，这部分利用了医疗行业内部对统计推断模型的普遍不满。第二，推广吸烟是"个人选择"、个人自由，绝不是**成瘾行为**的观念。格兰斯（Glantz）等人认为，这一举措对烟草公司至关重要，只要能给人们牢牢树立这一观念，烟草公司就不必"为吸烟带来的不良健康后果负责"（1996：59）。第三，加大力度推广和研发所谓"更安全

---

[1] 在 20 世纪 60 年代中期之前，志愿组织是美国及其他西方地区反吸烟运动的主要领导者。此后，国家才开始发挥核心作用，主要是通过公共卫生机构（Gusfield 1993：54）。

的"香烟。

烟草公司应对反对者的主要手段是广告。他们第一阶段的应对手段就是下面这则广告，由新成立的烟草工业研究委员会（Tobacco Industry Research Committee）于1954年1月发表：

致香烟吸食者的一份坦率声明

近期的老鼠实验报告广泛宣传了一种理论，即香烟吸食行为与人类肺癌之间存在某种关联。

虽然这些实验是由专业医生完成的，但它们并未被视为癌症研究领域的决定性实验。当然，我们认为，任何严肃的医学研究，哪怕结果缺乏说服力，都不应遭到忽视或轻视。

不过，我们也认为，为了公众的利益，有必要提醒大家注意一个事实：已有著名医生及研究科学家公开质疑了这些实验的意义。

杰出的权威人士指出：

1. 近年来的医学研究表明，肺癌存在诸多可能的病原。

2. 权威人士之间并未就肺癌的确切病原达成一致。

3. 目前没有证据可证明，吸食香烟是肺癌的病原之一。

4. 那些声称香烟吸食行为与肺癌有关的统计数据同样适用于现代生活的其他许多方面。事实上，这些统计数据本身的有效性受到了众多科学家的质疑。

我们相信维护公众的健康利益是我们这个行业的基本责任，也是我们所有考量因素中最重要的那一个。

我们相信我们生产的产品对健康无害。

无论过去还是将来，我们都将与负责维护公众健康的工作人员保持密切合作。（引自 Glantz et al. 1996：34；本书作者增加了强调）

这则广告后面还附上了对消费者的三大核心承诺：第一，烟草行业将（通过金钱等各种方式）为有关"烟草及健康各方面"的研究工作提供帮助；第二，烟草行业将成立一个行业联合组织——烟草研究委员会（The Tobacco Research Committee）；第三，烟草行业将任命一位"绝对正直、享有国家声誉"的著名科学家担任行业领袖，并设立一个独立的科学顾问委员会。从这则广告中可以看出形象塑造已成为烟草行业的核心要务，他们希望将自己塑造为一个无所隐瞒、以公众利益为优先且愿意与医疗行业合作的组织。格兰斯等人的研究则条理清晰地指出，这不过是烟草行业面对消费者的公众形象，与他们内部的秘密议程形成了鲜明对比：他们内部是希望让争议继续，最终维护他们自己的商业利益（Glantz et al. 1996: 36）。

广告、大众消费和女性吸烟的兴起

烟草公司经常需要应对公众对烟草使用日益加剧的担忧，20 世纪 50 年代的这一次应对并非首次。事实上，整个 20 世纪上半叶，他们一直都在应对有关烟草与疾病之间关联的新兴医学研究，许多时候甚至做到了先发制人（Glantz et al. 1996: 28）。甚至早在 20 世纪 20 年代，烟草公司就在用暗示自家香烟比其他品牌"更健康"或"刺激性更小"的广告口号来推销了（同上）。比如，1929 年的好彩香烟（Lucky Strike）广告称，"有 20679 名医生证实，相较于其他品牌，好彩香烟对喉咙的刺激性更小"（同上）。在 20 世纪 30—40 年代，清凉香烟（Kool）的广告语是，"为了你的喉咙好，赶紧把'滚烫'换成'清凉'吧"（29）。纵观整个 20 世纪 50 年代，随着公众对烟草使用的担忧日益加剧，香烟广告也开始宣传带过滤嘴的香烟"很健康"，可以替代其他香烟。比如，总督香烟（Viceroy）的宣传口号就是："带有过滤嘴这一新型健康卫士的总督香烟比其他任何名牌都更有益于您的健康！"（同上）有趣的是，这里宣传的是"更健康"，而不是"对健康的伤害更小"。这种说法几乎可以被解读为"总督香烟有益于个人健康"。正如格兰斯等人从这些证据中得出的结论：

> 这些烟草行业的广告例子……表明，该行业对过滤嘴和低焦油香烟的推广始于20世纪50年代，当时主要是为了缓解公众对吸烟有害健康的恐惧。尽管那个时代的广告声称新型香烟"更健康"，但并没有实际证据可以证明这一点。当证据终于（在20年后的1977年）开始出现时，得出的结论也只是：香烟会产生罹患肺癌的巨大风险，使用过滤嘴降低焦油含量只能让这一风险略微下降，但完全无法保护消费者免受另一更常见健康威胁的影响，即致命性心脏疾病。如今，烟草行业声称自己之所以推广过滤嘴和低焦油香烟，只是为了满足公众需求，而非认为自己的产品"更安全"。……但该行业早已通过广告活动，营造了一种这些产品更安全的错觉。（30）

格兰斯等人认为，消费者对过滤嘴香烟的持续需求源自烟草行业的宣传，他们将过滤嘴香烟宣传为"更安全"的选择，可以替代无过滤嘴香烟。这一观点有可能正确，但在这一持续需求的背后也可能存在其他过程。过滤嘴一开始之所以成功，除了得益于人们对"更安全"香烟日益增长的需求外，还因为它满足了人们想要降低吸烟刺激性的需求（Goodman 1993：110—111）——就适口性而言，相同尼古丁含量的香烟，有过滤嘴的确实比没有过滤嘴的更温和[1]。温和性确实是20世纪上半叶诸多烟草广告的核心主题（108）。

　　过滤嘴香烟一开始流行于女性之中，但并不是因为更健康，而是因为可以避免吐掉湿软烟头这样的"不雅"之举（Jacobson 1981）。有趣的是，这一时期烟草使用媒介的变化也仍有**礼仪**需求的驱动，新的媒介也一定程度上削弱了烟草的效力。尤其值得注意的是，20世纪烟草使用方式改变的主要驱动力在于对尴尬的恐惧，而非对健康的担忧，尤其是考虑到医学话语影响力在这一时期的变化。根据雅各布森（Jacobson）的说法，"在第二

---

　　[1] 古德曼还指出，过滤嘴香烟的另一优势在于，它们的烟草含量更少，因此生产成本更低，这一优势最终可能会惠及消费者（1993：111）。

次世界大战之前，人们认为淑女是不应该过度'沉溺于'香烟的，女性就算吸烟，也不应将烟雾吸得太深，不应留下太短的烟头。对女性维持礼仪的要求可能也是过去女性肺癌率一直不高的原因之一，这一点在最近已有所改变"（Jacobson 1981：11）。不仅女性的吸烟行为高度**受控**，女性还如第 2 章所言，将烟草用作一种**自我控制**的工具。但女性的自我控制有一个非常独特之处。她们除了会用吸烟来缓解压力或对抗单调乏味，还会将吸烟用作一种**体重控制手段**。香烟广告商在最开始吸引女性时，就充分利用了这一点。比如，好彩香烟 1928 年到 1929 年的广告语是，"用好彩替代好甜"（Goodman 1993：107）。这些说法得到了一些名人的支持，这些人做证说，吸烟有助于女性维持身材（同上）。好彩香烟后续的广告语也是利用了这一点，比如，"有漂亮的曲线才会赢！"以及"要适度——万事万物都要适度，吸烟也不例外。如果你想维持永远年轻的现代身材，请'选择好彩香烟'，避免过度放纵，避免未来身材走形的阴影"（同上）。

在 20 世纪 20 年代到 60 年代之间，无论美、英，女性吸烟者的比例都出现了大幅上升（Goodman 1993：107）。以 1930 年到 1939 年间的英国为例，"女性在烟草消费总量中的占比从 5% 增加到了 10%"（106）。烟草公司迅速瞄准并大力催化了不断扩大的女性吸烟者市场。一些公司甚至推出了专门的"女性"香烟品牌；其中之一就是后来极其成功的万宝路（Marlboro）（112）。还有一个是1968年推出的维珍妮牌女士香烟（Virginia Slims）（同上）。从这个品牌的名字里就能明显看出女性、吸烟和体重控制之间的关系[1]。

在20世纪的20年代和30年代，烟草公司还利用过另一重要主题，该主题反映了西方更具普遍性的一些态度转变。得益于这些转变，认为女性吸烟意味着滥交的观点开始逐渐衰落。曾被视为妓女职业象征的香烟开始成为女性解放的标志（Greaves 1996：18）。烟草公司又一次充分利用了这一形象转变过程。大美烟草公司（Great American Tobacco Company）聘请精神分析学家A. A. 布里尔（A. A. Brill）担任研究员，为他们的广告及市场营销策略提供建议。布里尔就20世纪20年代的女性吸烟问题得出了以下几点结论：

> 有些女性将香烟视为自由的象征。吸烟是口唇欲的升华；嘴里叼着香烟会刺激口唇区。女人想抽

---

[1] 在英文中，"slim"有苗条、纤细的意思。——译者注

烟非常正常。第一批吸烟的女性可能更偏男性化，想通过吸烟展示自己的阳刚之气。不过，如今的女性解放压制了许多女性欲望。现在越来越多女性从事着和男性相同的工作。……等同于男性的香烟成为了**自由的火炬**。（引自 Greaves 1996：19；本书作者增加了强调）

烟草公司开始利用女性与香烟之间的关联来设计市场营销与广告策略，此举正是尤恩（Ewen 1976）所说的"商业化女权主义"过程的一部分（引自 Greaves 1996：19）。格里夫斯（Greaves）曾给过一个例子，"在 1929 年纽约市的复活节游行中，一群女性吸烟者点燃了'自由的火炬'，抗议对女性的不平等。这些女性是由烟草公司组织的，且得到了媒体的广泛宣传。在 20 世纪 20 年代，吸香烟已经成为主流文化中女性自由的象征，也是对维多利亚时代传统习俗的挑战。吸烟被认为是与改革着装、剪短发、逛夜店、争取选举权一样性质的事情"（19）。格里夫斯强调上述观点存在，也将一直存在自相矛盾之处。一方面，香烟被视为自由、平等的象征，最近还被视为个人选择的象征；另一方面，在格里夫斯看来，烟草使用本身就是一种形式的瘾，瘾会令人"丧失"很多的"自由"（同上）[1]。

烟草使用与非正式化

在 20 世纪 20 年代初，社会放松了对女性吸烟的禁制，这与大众品牌化、大规模生产化香烟的兴起有关，也标志着男性和女性在烟草使用方式上的一个重要转变：

> 香烟标志着企业资本主义、技术、大规模营销和广告效果的融合，其中广告效果尤为重要。这几股力量催生了新的个体与群体行为模式。随着消费主义的兴起，出现了一种新定义的行为道德观念。19 世纪末的美国文化提倡克己、自律，谴责一切形式的放纵，如今的美国文化却鼓励放纵［这一点与

---

[1] 后文会质疑这种成瘾模型对研究烟草使用的有用性。我并不打算争论烟草使用是一种出于自由意志或理性选择的行为，还是一种单向依赖的形式。我想做的是，在西方烟草使用的长期发展框架中，定位这些围绕烟草使用和个人自由的争论。我最终的目的是，向一个以相互依赖概念为中心的烟草使用观过渡。

英国相同]。(Brandt 1990：157)

对于上文中勃兰特提到的更广泛的社会进程，武泰（1976，1977，1986，1987）经过较为详尽的研究后指出，咆哮的 20 年代（Roaring Twenties）属于 20 世纪首批非正式化"浪潮"之一（这个世纪出现过多次非正式化浪潮）。简言之，**非正式化**指的是礼仪与行为规范的普遍转变，是社会的日益宽容。从表面上看，这些变化似乎降低了社会控制的总体水平；减少了**要求人们自我约束的社会压力**。但事实并非如此，这些变化离不开社会成员对社会控制的高度**内化**。换言之，非正式化的过程离不开外在调控手段的减少与内在自我控制的增加。若要更清楚地了解这一点，我们可以看看埃利亚斯提供的浴衣的例子。在 20 世纪上半叶，泳衣开始变得越来越开放，尤其是女性泳衣。埃利亚斯称，这样的泳衣若穿在 19 世纪的女性身上，是会让她们被社会排斥的。他指出，这些变化并不代表社会控制水平的总体下降，而是表明"这个社会将高度克制视为理所当然，女性与男性一样，完全相信每个人都是受自我控制所约束的"

（Elias 1939：187）[1]。

在这种背景下，20世纪吸烟行为的日益"放纵"（更

---

[1] 从某种意义上来说，非正式化终是离不开对控制的强化。以"便装"（mufti）日为例，这既是一种类比，也是非正式化过程的一部分。便装日正在日益流行，尤其是在西方的大企业中。便装日通常每周一次，员工可以随心所欲地着装：他们不需要穿公司制服，也不需要按公司正式政策要求着装。当然，便装日的形式是千差万别的。有些组织可能会规定，即便是在便装日，员工也必须着"商务休闲装"。有些组织可能都没有明确列出便装日的规定。但这并不是放松了着装要求这么简单，即并非缺乏控制，我们几乎能立即感受到另一组压力的存在，这些来自企业着装规定的压力甚至可能更加沉重。我们仍然必须穿着"得体"。但何为"得体"？我们不得不提出许多有关衣着的问题：这样穿是时尚的吗？标签是正确的吗（有趣的是，这不仅指那些印在衣服外面的标签，也指印在衣服里面的标签）？这些问题表达的不仅仅是商业上的担忧：这样穿是不是不检点？会不会显得屁股大？是不是太呆了？是不是太正式了？是不是太随便了？是不是太严肃了？是不是太威严了？是不是太花哨了？是不是太无趣了？这样穿真的是我吗？我们被迫"正确"着装，所谓正确，与其说是根据企业正式制定的外在标准，不如说是根据内化与外在标准及担忧的融合与平衡。我们必须通过自己独特的着装方式来表达我们的独特性与归属感。表面上看，我们拥有穿运动服上班的"自由"，但"他们"会怎么想呢？如果是其他人穿了运动服上班，我们又会怎么想呢？因此，非正式化必然会改变一些需求的特征，这些需求包括自我控制的需求，以及对更具细微个体差异的自我表达方式、情绪表达方式和情感管理方式的需求。

多是在男性之中），以及女性吸烟的普遍增多，无疑都是非正式化的例证。如果我们认可香烟在现代社会的主要用途是自我控制，便可发现：自我克制规范的放松和烟草使用性别禁令的放松，都离不开**文明**行为的增多。此外，我们还可观察到更进一步的非正式化过程。在这一时期，社会"正确"行为的标准更多是通过**消费者文化**（*consumer culture*）内的非正式决定来制定的，而非通过传统、正式的礼仪文本和手册来确立。消费者文化的关键在于，人们必须越来越了解自己应该如何打扮、如何言谈、如何着装，以及听什么音乐——也就是了解自己应该如何**消费**，这几乎要成为他们的一种本能。人们需要通过学习来了解哪些行为是受社会认可的，这种习得方式与过去数个世纪中的习得方式有着本质的不同。商业广告、广播、互联网、电视和电影成为了向特定群体传播得体行为模式变化的重要载体。伴随着这些变化，有关社会正确行为的标准也开始日益多样化、区别化、复杂化和**个性化**。正确的行为及自我展示标准有很多，从中选出最适合自己的标准的过程，既是**个人**的一种自我表达方式，也是一种让自己归属于某一特定社会群体的方式。

因此，非正式化并不等同于自我控制水平的总体下降，只是自我控制的**特征及实现方式**发生了改变。正如福柯所言，这些变化包括越来越多地用消费者文化中的"**激励控制**"（*control by stimulation*）**来取代** "**压抑控制**"（*control by repression*）（Foucault 1980）。福柯举了一个例子："可以脱光衣服——但要苗条、好看、晒得黝黑"（57）。个人，尤其是女性，承受的压力越来越大，这些压力要求他们将自己的身体当作一个"项目"，向符合社会标准的方向开发（Shilling 1993）。在这方面，烟草的使用可以被视为一种独一无二的自我控制工具：既可以进行压抑控制（以稳定情绪、对抗压力），也可以进行激励控制（以提振情绪、"塑造好身材"）。其中，激励控制在 20 世纪用得越来越多。烟草确实可以**同时**发挥压抑控制和激励控制的作用：**压抑**饥饿之苦以**激励**人们获得更苗条的身材。自相矛盾的是，就社会标准来看，**若只看外在**，吸烟或许能让人的身体更健康——更苗条、**更受控**的身体也可以被视为更健康的身体[1]。

---

[1] 近期，有大量研究开始聚焦烟草影响体重的确切方式。正如克罗（Krogh 1991）所言，研究者们已经给出了诸多解释：第一，人们戒烟时往往吃得更多，部分是出于代偿心理——因此，吸烟者往往容易在戒烟时长胖，恢复吸烟后，体重又会重新下降（1991：66）。从这个意义上来说，吸烟可被视为食物的替代品——正如 20 世纪 20 年代和 30 年代许多香烟广告中所暗示的那样。第二，许多研究发现，烟草的使用往往会降低 ［转下页］

将香烟视为女性平等与解放的象征意味着，有关女性烟草使用的社会观念发生了重大转变，格里夫斯认为这一转变也是社会长期变革的特征：

　　　　在工业化国家，由于女性吸烟行为的文化含义与性别关系有关，这一含义在这个世纪中经历了多次改变：从被男人**购买**（妓女）的象征，**像男人一样**（女同性恋/男性化/中性化）的象征，转变成了**有能力吸引男人**（有魅力/异性恋）的象征。性自由主义者可能认为，这些改变反映了不同历史阶段女性对其性存在的掌控权和控制力的差异。不过，在一些性激进分子眼中，这些改变是异性恋制度得到进一步巩固的证据，是对性取向问题的抹杀，是

［接上页］吸烟者对甜食的欲望（同上）。第三，也是最重要的一种解释，1989年的一项研究发现，吸烟会显著提高吸烟者的新陈代谢速度，这种效果在工作时尤为显著（67）。克罗笃定吸烟会直接影响体重，而且这绝非"民间智慧"产生的心理作用（65）。有趣的是，他将作为体重控制手段的烟草使用与工作场所的吸烟行为联系到了一起。我们可以看到的是，尽管人们（尤其是美洲原住民）早在数百年前就知道烟草可以抑制饥饿，但直到吸烟以补充活动的身份重新崛起，克罗提到的这一关联才开始成为20世纪的一大主流研究主题。换言之，我们仍然可以在文明化的进程中定位到将烟草用作及视为体重控制手段的方式和观念。

对女性权力概念的操纵。烟草公司将所有这些群体都覆盖到了，既吸引追求平等、热爱自由、敢于挑战的女性（维珍妮牌女士香烟说："这是你应得的，宝贝"），也吸引异性恋所定义的男性化的女性。（Greaves 1996：21—22）

这里解释一下格里夫斯提到的阶段。第一阶段的主流观念认为烟草象征着等待被男性占有的女性性征，最能体现这一观念的可能要数拉迪亚德·吉卜林的描述（前文引用并探讨过），他将自己最喜欢的雪茄称为"有着深色肌肤的家中美眷，五十个一捆"（Mitchell 1992：329）。在这一阶段，女性吸烟一般被视为待售女性性征的标志：妓女。格里夫斯指出，第一阶段几乎持续到了19世纪末，到19世纪末、20世纪初才进入第二阶段。第二阶段的主流观念是，女性之所以吸烟，是想变得像男人一样。这种观念在20世纪初尤为突出，比如，人们认为女同性恋就"喜欢"吸烟（Greaves 1996：20）。当时，吸烟仍主要被视为一种"男性化"行为，因此，女性吸烟会被视为女性与男性日益**平等**的标志（同上）。随着这一观念的转变，女性的外貌也开始发生变化，包括流行剪短头发和弱化身材曲线，这些都标志着，这一时期"出现了日益不分男女（或中性化）的趋势"："吸烟所暗示的**男子气概**

是文化象征主义的关键组成部分，在20世纪20年代的工业化国家，女性对这种文化象征主义发起了挑战。在加工香烟出现之前，吸烟几乎一直是男性的专属，对此，烟斗和雪茄的流行居功至伟"（同上）。

当然，在过去的几个世纪中，也不是没有女性抽过雪茄和烟斗。不过后来，社会禁止了这种行为，而这离不开19世纪中产阶级男性吸烟者的集体努力，他们之所以这么做，是想将自己的烟草使用方式与女性和年轻男性的烟草使用方式区分开来，后者指的就是吸香烟。正如第2章所述，男性的这一努力包括撰写大量报刊文章及其他文献，给香烟附加上**女性特征**："是吸烟界的'弱者'"（Old Smoker 1894：24）。这里是将香烟的相对弱势（温和）与"弱势性别"联系到了一起。

格里夫斯所说的第三阶段主要出现于20世纪40年代和50年代，当时的观念认为女性吸烟是为了**吸引男性**。这一阶段的典型观念融入到了流行的话语精神分析概念之中，这些概念在西方一直十分流行，尤其是自20世纪20年代以来。正如格里夫斯的定义，香烟已成为"一种至关重要的色情道具，一种增加魅力、吸引男人的工具"（Greaves 1996：21）。此外，这一时期的广告活动也开始将吸烟与"上层人士的精致"关联到了一起（同上）。格里夫斯引用了加伯（Garber 1992）的观点，认为烟草公司此举意在"混淆"与女性吸烟相关的性取向问题（这是一个历史遗留问题，与女性使用香烟的复杂历史有关），以及将大众的注意力转移到阶级问题上：

> 这类市场营销策略旨在支持异性恋制度和提高公司利润，因此清楚反映了父权社会和资本主义的价值观。对于几十年前的烟草公司来说，抹去女性吸烟与女同性恋（甚或是"男性化"）之间挥之不去的关联才更符合他们的发展策略，才更能为他们带来利润，正如20世纪20年代的烟草公司想要抹去女性吸烟与卖淫之间的关联一样。（同上）

格里夫斯的分析可能夸大了烟草公司对20世纪西方女性烟草使用观念改变的影响。正如我们所见，吸香烟与男子气概之间关联的逐渐削弱以及与女性气质之间关联的逐渐加强其实离不开19世纪"拥护父权的"男性吸烟者的集体努力，我们不能将这一转变完全归因于烟草公司的广告活动。即使单看格里夫斯的分析，也能明显看出，烟草公司主要是在**顺应**社会中已经发生的改变，它们只是在利用这些改变谋求商业利益而已。布里尔的例子就是证明，烟草公司先雇布里尔研究了社会对女性吸烟的理解，然后再对研究发现的新理解加以利用。

就算上述异议不构成对格里夫斯论点的驳斥，但要看到，烟草公司在与吸烟有关的部分社会进程中，似乎更多扮演的是**助推者**而非**发起者**的角色。不过，人们还是很容易将香烟的兴起简单地看作是"商品拜物教"的终极产物，看作是由 20 世纪大型资本主义烟草公司制造的"虚假需求"（这些公司都被男性主宰着）。这类观点或许能够解释西方香烟使用量在 20 世纪的急剧上升，但仍有一些问题是它们难以充分解释的，比如，与西方接触之初的那些美洲原住民为何会广泛使用烟草，为何在此后的数百年中，烟草的使用仍然在他们的社会中占据着绝对核心的地位。对 20 世纪的烟草使用发展而言，相关的政治过程和经济过程至关重要，但对它们的理解需要与前文探讨过的诸多过程联系起来。

我借格里夫斯的研究想要说明的是，社会对女性控制的明显放松其实与**社会控制本身性质的根本转变**有关。这些转变与非正式化、个性化和文明化的过程有关。

因此，总结一下我希望读者们重点关注的核心主题：首先，20 世纪时，香烟品牌的范围和种类出现了惊人的增长，尤其是在第二次世界大战后（Goodman 1993：112）。香烟品牌开始瞄准特定群体，开始塑造具体形象，开始在焦油含量、尼古丁含量和是否带过滤嘴等方面体现出多样化。这类营销策略不仅沿用至今，还得到了拓展。比如，丝卡（Silk Cut）香烟不仅有低（焦油）版本，还有超低与特低焦油版本。其他许多品牌也推出了"淡味"香烟，比如，万宝路淡味（Marlboro Lights）[1]。此外，吸烟者还可以买到不同长度的香烟：普通香烟、超长香烟、特长香烟、100 毫米香烟。

香烟在 20 世纪的大规模生产化和大规模品牌化就是烟草使用的**大众消费化**（*mass consumerization*）过程。向大规模生产化和大规模品牌化的转变标志着西方烟草使用的**个性化**进入了一个新的阶段。当代吸烟者不仅可以让烟草使用的**功能个性化**（*function individualization*），还可以将香烟用作一种高度个性化的**自我表达**方式。人们可以通过所购香烟的品牌来彰显特定的社会身份。此外，假设烟盒上的信息准确无误，那么吸烟者在选择香烟品牌时就可以将焦油和尼古丁的含量精确到毫克。因此，当代吸烟者在烟草类型、浓度、温和程度（这里的温和程度等同于尼古丁含量大小）、形象以及大致"风险"（可能是实际存在的，也可能是想象的）上的选择范围得到了前所未有的拓展。我们知道社会行为标准的制

---

[1] 雅各布森（1981）认为，将流行烟草品牌的低焦油版本命名为"淡味"（light 在英文中有重量轻的意思——译者注）也是为了加强吸烟与减重之间的关联。

定及传播方式发生了根本性改变，上述转变恰恰与这些改变有关，这些改变又与非正式化和个性化的过程有关。社会利用传统、正式手段制定行为标准的情况越来越少，相应地，也越来越依赖非正式载体对正确社会行为及正确自我表达方式的传播。事实上，人们正越来越多地通过自己**购买的东西**来表达自我。与这些转变相一致的是，烟草的使用也在日渐成为一种主要的自我表达手段，以及表明自己归属于某一特定社会群体的方式。这些转变与其说是削弱了自我克制，不如说是增加了表达和实施自我克制的方式。后文会提到，近年来的主流观念开始将烟草的使用视为一种**身份建构**（*identity building*）的手段，这一转变其实也与上述过程有关。

第二，我们将看到，在进入距今较近的一个发展阶段后，许多过程都体现了香烟的**双重形象**，既象征**自由**，又象征**控制**。烟草使用与个人自由之间的种种关联源自香烟向女性解放象征的转变（及其他过程），源自新自由主义国家在批准或限制个人吸烟"自由"问题上遭遇的困境，也源自烟草公司将烟草使用塑造为个人选择的推销策略（以避免为任何吸烟相关的健康问题担责）。烟草使用与控制之间的种种关联则是源自将烟草使用视为自我控制手段的观念（这一观念正在日益占据主导地位），源自烟草公司对社会及个人烟草使用观念的控制（这一控制正在逐渐加强），最重要的是，源自医学化的过程（这些过程通过将烟草确定为一种病原和一种临床意义上的瘾，建立了一种新的观念，即吸烟者是被各种生理过程控制住了）。此外，烟草使用支持者与反对者之间的争论，与人们对烟草的理解密切相关。特定群体可以利用烟草使用的概念化来反映自己的利益。比如，若将烟草使用定义为会令个人丧失全部或几乎全部自由的强成瘾性行为，那就有助于宣传不利于烟草公司的观点：烟草公司只是想通过控制吸烟者来攫取商业利益。同理，若将烟草使用定义为自由意志的体现，那就有助于阻止国家插手干预烟草行业的商业行为，也提供了将吸烟的不良后果"归咎于"吸烟者本身的理由。

因此，**医学化**过程一直是烟草支持者与反对者之间争论变化的中心。下面，为了进一步探讨这一主题，我将探究一些与被动吸烟概念兴起相关的过程，这些过程的发生距今不算太远。

被动吸烟与医学化

正如勃兰特所言：

> 尽管反吸烟势力曾经非常成功地污名化了香烟，

但在 20 世纪 70 年代末，他们败给了一条传统的美国自由主义准则："我的身体我做主。"这一文化理想的影响力十分强大，将政府对吸烟问题的进一步干预塑造成了对个人决定的无理干涉。烟草研究所（The Tobacco Institute）认为这类干预是"卫生与安全领域的法西斯主义"。政府向公众宣传吸烟有害是一回事，直接出手限制或禁止吸烟就完全是另一回事了。因此，对"侧流烟"影响的科学研究似乎格外重要。这些研究证明，吸二手烟存在种种风险，尤其容易引发肺癌。这些研究结果的陆续发表为反吸烟运动重新注入了活力，这种活力源自另一条同样影响力强大的社群主义准则："你可以随心所欲地对待自己的身体，但你不应未经他人同意，就将他人置于风险之中。"（Brandt 1990：167—168）

我们可以观察到的是，被动吸烟者概念的出现大大改变了烟草使用支持者与反对者之间的争论。"个人自由"这一论点被反向利用了：从"作为吸烟者，我想行使吸烟的自由"，转向了"你（在公共场所吸烟的人）让我被动吸烟，是在剥夺我不吸烟的自由"。这一转变也让对烟草使用的限制逐渐变成了一个**空间**问题。杰克逊（Jackson 1994：423）认为，"被动吸烟者"在医学话语中的出现与其说是对事实的"揭示",不如说是一种"创造"。杰克逊基于社会建构主义者卢德维克·弗莱克(Ludwik Fleck)的研究成果,利用自 20 世纪 70 年代中期以来的各种资料,追溯了这一概念的兴起(杰克逊指出,在 20 世纪 70 年代中期以前,有关这一概念的资料相对较少)。科利(Colley)等人(1974)就是最早使用这一术语的学者之一,他们研究了接触烟草烟雾与儿童肺炎及支气管炎发病率之间的关系(Jackson 1994:431),并得出结论:婴幼儿接触香烟烟雾后,患肺炎及支气管炎的风险会增加一倍(Colley et al. 1974:1031)。此外还有许多研究探究了婴幼儿接触香烟烟雾与 5 岁以下儿童呼吸道疾病发病率之间的关系,且有很多得出了与科利等人相似的结论(Jackson 1994:431)。

然而,纵观整个 20 世纪 70 年代,有关被动吸烟的证据仍然存在一些不一致和不确定之处。《英国医学杂志》(*British Medical Journal*)1978 年刊登的一篇文章就曾总结道:"目前,人们(包括许多吸烟者)对呼吸无烟空气的要求大都(但非全部)基于美学考虑,而非已知的严重健康风险"(引自 Jackson 1994:432)[1]。杰克逊

---

[1] 这里或许再次展现了起初以美学为基础的论点是如何向医学论点转变的。

说，1988年时，埃里克森（Eriksen）等人就"被动吸烟的健康危害"开展了一项综述型研究，引用了80多篇认为被动吸烟与疾病有关的文献（Eriksen et al. 1988）。于是，杰克逊开始探究被动吸烟"罪证"迅速增加的原因。他认为，**创造**被动吸烟者的一个必要前提是，在**话语中将烟草烟雾区分**成不同的化学成分。杰克逊指出，这种**抽象还原**的过程是医学话语的典型特征（Jackson 1994：432）。他接着说道，医学研究人员需要将每种化学成分的二手吸入量都检测清楚，但他们在起步时遭遇了极大的困难，这主要是因为，被动吸烟者在医学话语体系中是"不可见"的：

> 这一检测难题似乎还伴随着另一个更为紧迫的社会学难题，即被动吸烟者的可见性问题，或者更准确地说，不可见性问题。然而，在一个习惯于还原和分解研究对象的话语体系中，似乎很难将这种必然涉及诸多关联与关系的研究对象概念化。（434）

杰克逊认为，抽象还原论要求对研究对象进行"分解"或话语区分，这种做法是无法解释"被动吸烟者"这类主题的，要研究这类主题，就必须将不同人的身体视为一个相互关联的整体而非诸多相互独立的个体，然后对这个整体进行概念化。他指出，为克服上述难题，医学研究人员首次将烟草烟雾分为了两类：主流烟和侧流烟，前者是直接从香烟吸入体内的烟雾，后者是香烟燃烧时未经稀释释放到大气中的烟雾。在将这两类烟雾区分开后，研究人员发现，侧流烟的化学组成与主流烟不同，比如，侧流烟中的一氧化碳浓度是主流烟的 2.5 倍（Jackson 1994：435）。他说，这种区分让侧流烟有了自己的"现实"［原文如此］。科学界对这一现实的解释是抽象的：这一现实源于医学研究人员"越来越多地接触和了解了外部［原文如此］世界"（436）。不过，他认为，这种区分只是一种医学知识上的"思维方式"建构，为了便于区分"吸烟者吸入的烟雾与不吸烟者吸入的烟雾"（同上）。

其次，杰克逊认为，医学研究人员提出"生化标志物"的行为其实是一种创造，是医学话语的一种"抽象关联"。以可替宁为例，可替宁是尼古丁在体内新陈代谢后的主要产物之一，它在不吸烟者尿液中的浓度就是一种"生化标志物"（1994：439）：

> 有趣的是，在这方面，享受吸烟权利自由组织（FOREST）在以自己的方式对抗科学。该组织告诉我们，"不是只有尼古丁才会产生可替宁，食用

西红柿等各种蔬菜后，血液中也可能检出可替宁"（FOREST 1991: 3）。但从某种角度来看，这番话是在巩固早期对身体的抽象解读。该组织其实赞同一种有局限性的社会保障观念，也隐晦地承认了这种建构是一种特权。（同上）

最后，杰克逊认为，上文探讨的过程都是医学化的进一步深入，这一步包括"对健康的再概念化，这种新概念的建构鼓励将所有人的身体都纳入考量；不仅仅考虑患病者的身体，还有有患病风险者的身体"（Jackson 1994: 439）。这就将不吸烟者也纳入了"临床凝视"的范围之中。事实上，得益于对侧流烟和主流烟的区分，以及对生化标志物的提出和使用。

被还原为各种机制、器官和物质的肉体仍然是医学研究的对象，但也"显露"出了不同肉体之间的相互关联。即便是"健康"的身体，也是可供专业人士解读的地图。医学拥有解读这些身体的特权，因此，能够将自己基于这些解读而提出的主张合法化，比如，坚持个人行为会产生社会后果的主张。（同上）

杰克逊的论点很有意思，既强调了医学化的种种过程，也展示了一些为服务于特定反烟草目的而操控医学知识的方法。不过，杰克逊的分析也存在诸多问题[1]。最关键的是，他忽略了一种可能性，即"人们**不受**被动吸烟影响"本身可能也是一种"抽象的创造"。他的论点为我们提供了一幅非常具体的历史画面：一群研究人员正忙于**创造**医学事实，而非**揭示**医学事实。比如，他认为，流行病学研究者多尔和希尔是为了证实烟草是癌症的"病原"才开始调查的（Jackson 1994：427）。他指出，尽管他们也考虑过其他许多可能解释肺癌发病率上升的理论，但这些理论都太过**抽象**，很快就"被掩盖在了一大堆关于烟草使用的杂乱信息之下，不见了"，他将这称为"烟草的胜利"（1994：428）。

然而，杰克逊对这一问题的描述**本身**也是一种经过人为加工的"看见"。他为了让相关事件与他的"科学'发现'"吻合，对信息进行了人为操纵。比如，多尔和希尔其实都是吸烟者，而且"在刚开始调查时"，他们都"认为将吸烟与肺癌联系起来的怀疑毫无根据，多尔还指责

---

[1] 有关这些问题的更广泛探讨，见休斯（Hughes 1996）。本书省略了一些更深入的分析，以免妨碍无社会学背景的读者阅读。

这些怀疑是'无稽之谈'"（Johnston 1957：18），一旦加上这些背景信息，这个故事与杰克逊的描述可就大不相同了。杰克逊暗示，这些研究者的调查是以"证明"烟草使用"有罪"为目的而开始的，但在了解了上述背景后就会发现，这一观点与实证资料并不相符。杰克逊的另一矛盾之处在于，他的理解本身似乎也是一种**创造**，而非对事实的**揭示**。

法理式吸烟社会

近年来，被动吸烟也成为了烟草支持者与反对者之间争论的主题之一，该主题的出现业已产生诸多影响。如今，不吸烟者**合法**阻止烟草使用者在自己面前吸烟的可能性正在日益加大[1]。此外，公众要求政府在公共场所禁烟的呼声也日益高涨。1993 年，英国环境部（U.K. Department of the Environment）命人完成了一份名为《公共场所吸烟》（*Smoking in Public Places*）的调查报告，该调查针对的是公共场所的所有者和管理者，旨在确定

---

[1] 正如前文所述，19 世纪也出现过让此类要求合法化的可能性。只是当时支撑这些要求的论点都是基于"礼仪规范"；如今，这类基于礼仪规范的论点已不太可能为人们所接受了。

有多大比例的公共场所听从了政府建议，落实了限制公共区域吸烟的政策。在调查开始之前的 1991 年 12 月，英国政府起草了一份《行为准则》（Code of Practice），为"所有者和管理者提供"有关限烟政策的"实用指导方针"（NOP 1993：1）。政府已经在一系列白皮书中制定了目标，"要在 1994 年之前将" 80% 的公共场所"纳入有效吸烟政策的覆盖范围"（同上）。最有趣的是，1993 年的研究发现，这一目标已经在某些类型的公共场所实现（同上）。总的来说，在被抽样的所有公共场所中，有 66% 制定了吸烟相关的政策（同上）。因此，即便没有政府的直接干预，许多公共场所自己也在日益加大对吸烟行为的限制。

与 18 世纪类似的是，烟草的使用再次被一步步地推到了"公共"生活的幕后。随之而来的是烟草使用观念的转变。过去，人们认为吸烟是一种公共的、集体的、社交的活动，这种**礼俗式**吸烟社会的观念在 17 世纪尤为盛行，在 20 世纪中期也较为流行。不过，人们现在已逐渐认可**法理式**吸烟社会（再次借用滕尼斯的术语）的观念：将吸烟视为私下的、个人的、单独的活动。

近年来，烟草使用的发展开始概念化，这种概念化或许有助于解释格里夫斯提到的一些过程：

从 1950 到 1970 年，女性以工人、家庭主妇或母亲身份出现在［香烟］广告中的情况逐渐减少。当时的主流价值观鼓励中产阶级经营家庭生活。或许是新出现的证据让大家看到了吸烟的健康成本，广告商不得不做出改变，不再以积极劳动的女性形象来做宣传。……市场营销人员逐渐将女性吸烟定义为一种休闲、放松的活动。女性的劳动参与率在过去 20 年中大幅增加，广告从业者已经开始将女性视为备受压力、需要放松的群体，香烟则被宣传为一种帮助放松的工具。烟草行业杂志专门瞄准了劳动力中那些倍感压力的女性，将她们视为西方"未开发的市场"。（Greaves 1996：24—25）

香烟广告商逐渐放弃用积极"劳动"的女性形象来营销，格里夫斯认为，这一转变与出现了可证明吸烟存在健康风险的新证据有关。格里夫斯的这一观点可能是对的，但我认为，这一转变也有可能与迈向**法理式**吸烟社会的种种转变过程有关。格里夫斯为阐述自己对香烟广告变化的观察结果，举了很多广告案例。其中有一幅以女性为目标群体的广告图：一名女性正躺在浴缸之中，有一小部分手肘几乎看不见；浴缸上方写着"这里只有你"。这幅图暗示的是，女性可以一手放在脑后，一手夹着烟，放松地浸泡在浴缸中。这则广告的总标题是，"这不仅仅是一支香烟。这是**独属于你**的几分钟"（Greaves 1996：25；本书作者增加了强调）。顺便一提，这是**女性**专属香烟品牌伊芙淡味细长 100 毫米版香烟（Eve Lights Slim 100s）的广告。

这则广告想要营造的想象空间似乎聚焦于"暂时休息一下""允许自己享受放松的奢侈"和"暂时忘掉外界的一切"。浴室象征着极其私密的空间，但即便是在这样的空间里，吸烟者的身份也是隐形的。这则广告搭建了一个独处的、个人的、私密的场景。有趣的是，吸烟者身份的隐形反映了香烟广告最重要的一个转变趋势。以吸烟这个动作为主角的香烟广告已经日渐减少，推动这一转变的不仅有政府对烟草广告的限制，我认为也有观念的更广泛改变。仿佛就连吸烟的**画面**也被推到了幕后。要了解这些变化过程，不妨看一下 1996 年 2 月 2 日《伦敦电讯报》（*The London Telegraph*）的报道：

> 美国中产阶级认为吸烟动作特别上不了台面，吸香烟已经成为最新的一种恋物癖，被称为"烟色剥削"（smoxploitation）。一个由小广告和内部通讯刊物组成的网络，正以 24 英镑的单价，成百上千地销售着年轻女性的吸烟视频，在这些视频中，女主

角们虽然穿戴整齐，但会摆出性感撩人的吸烟姿势。在各种视频名称中，《烟熏之吻》《女大学生吸烟联谊会》和《保拉》被公认是迄今为止最撩人的……恋物癖杂志《腿秀》（Leg Show）的主编戴安·汉森（Dian Hanson）说："吸烟是90年代的恋物癖。任何遭到广泛谴责、被广泛视为禁忌的事物，都会被色情化，这是任何时代都难以幸免的。"……热门视频《保拉》的主角是一名年轻的金发女郎，魅力四射，她身着黑色的紧身长礼服，将曼妙的身材曲线展露无疑。她还精通吞吐烟雾的全套技巧。这段视频有30分钟，在播到一半左右时，她会拿出一根长长的香烟烟嘴，将观众的兴奋推上新的高度。（Laurence 1996：1）

这段报道确实是用了一种半开玩笑的语气，但作者的观点十分有趣，他认为这些视频的出现与社会压抑程度的不断增加和吸烟在公众中的"隐形"密切相关。更笼统地来说，这篇报道证明了，尽管吸烟在"美国中产阶级"中特别流行，但这个行为还是遭到了广泛的谴责。

再说回格里夫斯的研究。吸烟开始被视为一种独自放松的手段，而这种观念似乎已经变得越来越重要了。

与此相关的一个主题（将香烟视为一种表现个人控制力与权力的方式）也已经在好莱坞电影中占据了支配地位：

> 以 1991 年的好莱坞电影《本能》（*Basic Instinct*）为例，女主角将吸烟作为个人权力的关键表现形式。……在《本能》中，莎朗·斯通（Sharon Stone）饰演的女主角身负谋杀嫌疑，但面对警方，仍在继续吸烟，摆出了一种反抗权威的姿态。当时，西方的吸烟法规和吸烟健康知识都在不断增多，在这样一个时代做出这样的表演，恰恰证明在 20 世纪 90 年代，人们会用吸烟来反抗令人压抑的法规。通过女性来传达这一信息，为当代女性吸烟者的角色增加了力量与复杂性。（Greaves 1996：28—29）

这段引文的核心主题似乎是**权力、控制**和**反抗**。随着反烟的声音日益高涨，也有越来越多的人开始将吸烟视为一种表达**反抗**的行为或姿态。事实上，在这些变化的推动下，一些吸烟者（尤其是女性）已经开始以**反抗者**自居，且形成了一个群体。对这些吸烟者来说，吸烟意味着拒绝一套强调健康伦理、要求顺从主流的价值观，接纳另一套鼓励冒险、反抗和个性的价值观。这种价值观上的转变可能是身份建构过程的核心。

控制的概念，特别是压力控制，成为了当代烟草使用观念中的主导性主题。电影、电视一直在强化吸香烟与压力控制之间的关系。吸烟行为常常出现在压力性事件的发生过程之中或发生之后，吸烟者往往都是"倍感压力"的个体。事实上，电影制作人也意识到了香烟的强大象征意义，经常用吸烟动作来传达电影的言外之意（Klein 1993）。正如克莱因（Klein）所说：

> 吸香烟不仅是一种身体行为，也是一种话语行为——一种无言但强大的表达形式。这是一种完全隐晦、修辞复杂但叙述清晰的话语，充斥着众人皆可心领神会的惯例。从互文的角度来看，这些惯例与整个的吸烟文学史、哲学史和文化史有着千丝万缕的联系。在当前的社会风气下，淫秽已经成为一种公共卫生问题，而吸烟也成为了一种淫秽的话语表现形式。（182）

值得注意的是，尽管克莱因想要论证，吸烟作为一种"话语行为"，与整个烟草使用史都"有着千丝万缕的联系"，但这段叙述还是让人想到了在 20 世纪西方烟草使用观念中**日渐占据主导地位的另一主题：烟草的使用可被视为一种个人表达的方式**（按我的话来说）。换言之，我们可以在距今较近的一个烟草使用发展"阶段"中定位到克莱因所提出的烟草使用概念。

烟草使用与压力控制（放松）之间的关联表现为：使用烟草可以让人放下工作、休息片刻，以及可以给人独处的空间。与之相关地，吸烟行为也被视为一种短暂逃离单调生活的方式。这些关联都清晰地体现在了洛霍夫（Lohof）对万宝路香烟广告含义的认真思考之中：

> 万宝路的形象代表着逃离，但并非逃避文明的责任，而是逃离文明所带来的重重挫折。现代生活宛如野草蔓生的泥潭，官僚体制及其他制度也盘根错节地与其缠绕在一起，"现代男人"［原文如此］只得在其中摸爬滚打，但往往只能收获无能的绝望，最终仍旧籍籍无名、一事无成。与此同时，他将嫉妒的目光投向了"万宝路男人"。"万宝路男人"威风凛凛地俯视着具有挑战性但容易理解的任务。……清白无辜和个人能力是你判断某个隐喻是不是代表万宝路香烟的标准。（Lohof 1969：448）

这里提到的"万宝路男人"由演员韦恩·麦克拉

伦（Wayne McLaren）饰演。他以牛仔的形象出现在了万宝路的许多香烟广告中。正如洛霍夫所言，这些形象推广了吸万宝路香烟与个人自主、"真实可靠"和"逃离挫折"之间的关联。探讨到此，这些吸烟观念有多现代应该是一目了然的。万宝路在距今较近的一次广告宣传中，将"欢迎来到万宝路之乡"的广告语放在了美国崎岖不平的广袤大地之上。这一广告主题似乎再次强化了"逃离"的概念，呼吁人们逃往更简单、更平和的地方。不过，这里对**"空间"**的隐喻可能本就有着重要的含义。这或许是为了赋予自由一种"空间化的"广度，又或者是在有意或无意地对抗公共吸烟"空间"不断减少的主流趋势？事实上，万宝路香烟广告的例子还凸显了当代烟草广告变化趋势中的一个更普遍特征。在这些广告中，不仅吸烟者"消失"了，取代吸烟者的形象也在变得日益复杂和隐晦。它们仿佛是在邀请人们自行解码其中高深难懂的含义。对广告商来说，**被解码出的**信息本身可能并不重要，因为光是"信息高深、需要解码"这一点就足以塑造出一个精巧高端的形象。

当代的烟草使用观念有很多有趣之处，其中之一就是"虚无主义者的愤世嫉俗"的出现。我所说的虚无主义者的愤世嫉俗指的是一个过程，在这一过程中，合理化吸烟的理由和反对吸烟的论点开始越来越趋同，都集中在了风险和风险承担的概念上。下面是来自美国喜剧演员丹尼斯·利瑞（Dennis Leary）的一个例子：

有一个人……他将于几周后参加美国参议院的听证会，他想在会上做的是：让烟盒上的警示语更大！是的！他想让整个烟盒的正面都写满警示语。仿佛吸烟的问题之所以存在，是因为我们从未留意到那些警示语一样。这对吗？仿佛他能得偿所愿，突然就让全世界的吸烟者都醒悟过来，"是的，比尔，我有几支烟。……见鬼！这些东西对你有害！妈的，我原以为它们对你有益呢！我以为它们富含维生素 C 之类的营养呢！"愚蠢至极！这一切根本无关警示语的大小。就算直接以警示语为名，你也可能会买。装在黑色烟盒中，烟盒正面印有"肿瘤"二字和骷髅头加交叉骨形标志的香烟，你也可能会买。吸烟者可能会在街区各处排队买烟，"我可等不及要拿到那些该死的东西了！我打赌你一吸就会得肿瘤！"……问题的关键根本不在于警示语有多大，也无关乎它们售价多少。如果继续涨价，我们会闯进你家，去抢那些该死的香烟，明白了吗！？它们是毒品，我们已经上瘾了，明白了吗！？（Leary 1997）

利瑞语言诙谐，这一主题在具有反叛精神的吸烟者群体中很受欢迎。他的口吻也确实像是在表达群体的观点——"我们会闯进你家""我们已经上瘾了"。利瑞代表的是更广泛群体对政治正确的强烈抵制，他们反对越来越多人所秉持的吸烟者"软弱、不理性"的观念（Brandt 1990：169），利瑞完全接受医学活动家们的观点——吸烟会杀死你、吸烟会上瘾、吸烟"对你有害"——但**那又怎样**？他说："我期待得癌症。"在利瑞看来，吸烟几乎就是力量的象征。他似乎想要主动拥抱吸烟所带来的风险。他开玩笑道："我还记得，曾几何时，这个国家的男人以患癌为荣。该死的！在那时，患癌还是男子气概的象征呢！约翰·韦恩（John Wayne）就曾两患癌症。第二次患癌时，他们摘掉了他的一个肺。他说：'都取走吧！我他妈根本不需要肺！我会长出鳃来，像鱼一样呼吸！'"（Leary 1997）利瑞继续愤怒地声讨反吸烟者的观念：

　　　　你们从报纸、小册子里挖出来的所有微不足道的事实，都被你们装进了自己那该死的小脑袋瓜。我们一吸烟，你们就可以用它们来连珠炮似的攻击我们，不是吗？我喜欢那些微不足道的事实："比如，吸烟会让你折寿10年。"但那不是人生中最糟糕的 10 年吗？人生最后的 10 年！坐在轮椅上做肾透析的该死的 10 年。你们可以自己去过那样的日子！我们可不要，明白吗！？你们总在告诉我们："你们知道吗，每吸一支烟，你们的寿命就会缩短 6 分钟。若能现在就戒烟，就能多活 10 年，或是 20 年。"嘿，我有个名字要送给你们——吉姆·菲克斯（Jim Fix）。你们记得吉姆·菲克斯吗？那个非常著名的慢跑健将？他每天都要慢跑 15 英里 [1]。他出过一本关于慢跑的书，还拍过一个慢跑视频。后来心脏病发作去世了。什么时候？就在他慢跑的时候！你敢不敢打赌，第二天早上发现他尸体的就是两个吸烟者，"嘿！那不是吉姆·菲克斯吗？""哇，太他妈悲剧了。走吧，我们去买点香烟。"（1997）

援引利瑞之言是为了凸显当代吸烟观念中的一个核心悖论。人们逐渐认同烟草会给健康造成长期、不可见、内在的伤害，而这一观念的转变也引发了一种对立。由于烟草引起的疾病，特别是癌症，有很长的发展期，而且主要发生在"老"人身上，因此，年轻人将吸烟视为

---

[1] 约 24 公里。——译者注

一种蔑视死亡的表现。对年轻的吸烟者来说，死亡距离他们太过遥远，他们几乎无法想象那些长期、不可见、内在的伤害是什么样的。但吸烟在情绪控制、体重控制、自我表达等方面的影响是立竿见影且外在可见的，这些影响就对他们至关重要了。利瑞还强调，就算是过着健康生活的人，也同样有提前被死神带走的可能。他在第一段引文中提出，就算香烟顶着肿瘤之名，被装在正面印有骷髅头和交叉骨形标志的黑色烟盒中，吸烟者仍然会买。其实，现在市面上真的有这种"死亡"牌香烟，它们正好装在黑色烟盒中，以骷髅头和交叉骨形图案为标志。这种虚无主义者的愤世嫉俗恰恰证明了，支持与反对烟草使用的理由交汇在了"风险"这一主题之上。可以证明这一点的另一个例子是万宝路的香烟包装，它一面印着诱人的标志，另一面印着政府的警示语"吸烟有害健康"。正如克罗（Krogh 1991: 37）所言："美国人经常能看到所谓的人皮下的头骨：广告的最上方是面带笑容、身材苗条、美丽迷人的弗吉尼亚女人，沿着她优美的身体曲线往下，会看到美国卫生部长对她未来的预测。青春、美貌与死亡、疾病并存，前者是鲜活的色彩，后者只剩黑白。"

我想说的并不是，如今的吸烟者都是为了患癌而吸烟，而是想说对某些吸烟群体来说，风险恰恰是吸烟的一大魅力。关键是，这是未来的风险，无关当下。你可以认为吸烟表达了一种态度："我并不投资未来，我只**活在当下**。"这种态度与许多变化过程有关，其中最重要的可能是人们对年轻人身体价值的日益看重（Shilling 1993）。这些过程或许有助于解释近年来年轻吸烟者比例不断上升的原因。以 1982 年的英国为例，在 15 岁的男孩和女孩中，经常吸烟者的比例分别为 24% 和 25%。到 1986 年，这两个数字分别上升到了 28% 和 33%（Mihill 1997）。相比之下，英国成年人的吸烟比例下降得非常快。

克罗"人皮下的头骨"这一比喻清晰体现了人体内外之间的关联，这种关联对当代的烟草使用观念至关重要。克罗提到的这些过程似乎聚焦于这样一种概念：年轻的身体其实就如同一件"外衣"，外衣之下掩盖着潜在的疾病，以及死亡这一必然结果。最终的悖论或许在于，如果烟草相关疾病不存在潜伏期，如果各年龄段吸烟者因使用烟草而患病的比例相同，且最关键的是，**都随时有可能因该病丧命**，简言之，**如果烟草被视为一种更直接、更可见的危险**，那么当代西方的烟草使用观念可能就会大不相同。

总结：被视为大流行病的烟草使用

下文摘自克罗 1991 年著作中的《维持稳定》一章：

> 烟草中的尼古丁有很多用途。但在开始探究尼
> 古丁为何有资格成为人类历史上最令人着迷的首选
> 药物时，我们可能会首先考虑的观念之一是：烟草
> 可以将人们从若干**不同的**焦虑状态中拯救出来，让
> 他们从不正常的心理状态中恢复正常。这恰恰是我
> 们会对工作场所常用药物怀有的期待，工作场所需
> 要正常，但从无聊到压力的各种因素都容易令人陷
> 入不正常的状态之中。（40）

首先值得指出的是，克罗的这些结论都源自对大量临
床研究的回顾，因此，格外适合放在此处，用以说明当今
医学界对烟草使用的理解。克罗曾暗示，医学界对烟草使
用的理解或许有助于解释烟草（尼古丁）为何会成为"人
类历史上最令人着迷的首选药物"。他论述中体现的观念
与过程，其实都是西方烟草使用发展历程中的阶段性特
征，对应的是一个距今较近的"阶段"，对此，我希望前
文已经论证清楚了。如果以**更长远的眼光**来审视他的结

论，我们会看到一些重要的转变过程。下面，将概述一下这些过程，作为对本书前文所有内容的部分总结。

第一，一如前文所述，要将烟草用作恢复"正常"（即"维持稳定"）的药物，有一个前提，必须存在相对温和的烟草类型。对初遇西方人的美洲原住民来说，烟草基本**不具备**这种用途。总的来说，当时所用烟草的强度远远大于当今西方所用的品种。在某些美洲原住民部落中，就算老烟枪也常因抽了一烟斗的烟而晕厥。美洲原住民萨满经常借助烟草进入幻觉：他们认为烟草是连接正常世界与灵魂世界的桥梁。在这种背景下，烟草基本**不会**有"帮人恢复正常"的作用。西方人只将对自己来说最温和、最适口的烟草品种带回了西方，但一如前文所述，就连这些烟草的效力都远远强于当代常用品种。烟草最初被比作酒精，不仅因为当时只有饮酒这一行为模式有助于理解烟草的使用，也因为这种行为模式与西方 16 世纪和 17 世纪的烟草使用行为模式高度一致；这一时期的烟草具有强大的致醉性。这一"阶段"的烟草也基本**不具备**"帮人恢复正常"的作用，不仅如此，其中可能还掺有各种会影响精神状态的剧毒物质。到 18 世纪，鼻烟成为最受欢迎的烟草使用形式，向鼻烟混合物中添加其他物质成为了**完善**其属性的一种手段。

渐渐地，为迎合大众口味的变化，流行的烟草类型开始温和化。到 19 世纪，雪茄和烟斗开始越来越流行，不过，就连它们也一直处于变化之中。以烟斗为例，斗柄越来越短，材质越来越经久耐用，带"过滤网"的越来越多（Welshman 1996：1380）。此外，这一时期最受欢迎的烟草品种也发生了变化。人们开始偏好烟道烘干、更加温和的"亮色"烟草。这种转变与香烟的兴起密切相关。香烟最早出现于 19 世纪中后期，当时，它被视为一种**极其**温和的烟草使用形式。进入 20 世纪，香烟本身也发生了巨大的变化，开始出现过滤嘴香烟、低焦油过滤嘴香烟，然后是极低、超低和特低焦油香烟。向烟草中"掺杂其他物质"的做法以及香烟所能产生的焦油量和尼古丁量都开始受到越来越严格的监管[1]。在过去的数十年间，焦油量和尼古丁量已经出现了大幅下降。在

---

[1] 坦纳（Tanner 1950［1912 年原文］）的叙述为此提供了绝佳的例证："加工可点燃吸食的烟草时需要加入一定量的水，卷烟的时候需要使用一定量的橄榄油，烟斗用烟草中需要添加一定量的醋酸来防腐，鼻烟则需要添加某些可溶性盐来防腐。为保证最终出售给英国国民的商品是纯烟草，上述添加物的添加量都受到了严格监管，且除它们以外，烟草中不允许再添加其他任何物质。烟草商品的纯度是一种贸易凭证，也是消费税管理的胜利之一。英国财政部要求使用纯烟草，对于这种每年都能为国家带来数以百万计收入的商品，对任何掺杂其他物质的行为都不能有片刻容忍。"（1950：41—42）

1965 年至 1975 年间，每支香烟的平均尼古丁含量（以毫克为单位）如下图所示：

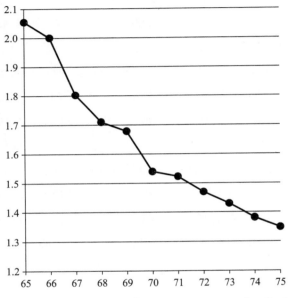

资料来源：Lee（1976），援引自：Ashton and Stepney（1982：74）。

　　需要特别指出的是，尼古丁含量的下降不仅反映了政府监管的加强，还反映了消费者的需求；归根结底，这是一个自 4 个多世纪以前就开始积蓄势头的过程的延续。自烟草传入以来，英国与西方其他许多地区一样，都出现了两种非常明确的发展趋势：一方面，对这种"商品"的**监管**日益加强；另一方面，消费者所偏好的烟草品种与形式越来越温和。直到烟草的效力被大幅"削弱"后，它的使用方式才开始向克罗的描述靠拢——既可以用作对抗压力的镇静剂，也可以用作对抗无聊的兴奋剂。这一转变也与其他一些过程相关，概括一下，就是烟草从用作失控工具向用作自控工具的转变过程。在这些过程中，烟草的使用变成了一种控制情绪状态的工具，以及如克罗所言，一种帮助吸烟者"维持稳定"的工具——或者如我已论证的，一种帮助吸烟者保持**教养体面**、保持**自我稳定**的工具。纵观这些过程，它们大部分时间的主要驱动力都与健康**无关**——事实上，有很多变化（包括向更温和烟草类型的转变）都是与当时的健康担忧**相违背**的。更确切地说，这些过程的驱动力一直都是对区别化的追求和对尴尬的恐惧，这些都与**文明化**的进程息息相关，不过最近，对"礼仪"的关注开始越来越多地**转化成了**对健康的担忧。

第二，西方烟草使用观念发展的另一"阶段性"特征是克罗提到过的一种观念：烟草使用的本质与情绪状态的控制有关。如前所述，烟草在最初被引入欧洲时，是被普遍视为万灵药的。人们主要将烟草视为药用植物，可用于治疗从牙痛到癌症的各种疾病。但没过多久，烟草的使用就开始娱乐化了。事实上，由于当时医生们的反对，滥用烟草的行为遭到过大力抵制。后来，烟草的使用逐渐成为了社交能力的标志，并越来越多地被用于调节社交互动。尽管烟草仍会被用于维持"体液平衡"，进而维持健康，但这种做法还是更多地被视为一种自我给药的民间疗法，而非"正规的医学疗法"。

渐渐地，人们对烟草功能的认识开始发生变化。在距今相对较近的一个发展阶段，人们开始越来越多地将烟草的使用视为一种补充活动，相应地，开始利用烟草**增强**自己在其他各种活动中的表现，尤其是与工作相关的活动。人们开始将烟草的使用视为一种有助于吸烟者**控制**和**对抗**无聊与压力的活动——治疗现代生活弊病的万灵药。实际上，这些观念与16世纪将烟草视为万灵药的信仰如出一辙，不过还是有一点关键区别：现代的这些观念更明确地聚焦在了烟草对思维、神经和大脑的影响上。它们基本得到了20世纪初医学界的认可。一些医生甚至建议通过**适度**使用烟草来缓解压力，尤其推荐给正在参与第一次世界大战的士兵们（Welshman 1996：1380）[1]。人们越来越重视烟草对思维的影响，而这一趋势一直延续至今。因

---

　　[1] 在这方面，威尔斯曼（Welshman）援引了《柳叶刀》（*The Lancet*）杂志中的一段内容："无论从事何种令人神经紧绷的工作，［吸烟］都能帮忙减压，帮忙转移注意力，这一点毋庸置疑……因此，我们不能轻率忽视战壕中士兵对香烟的需求，这一需求十分重要。"（Welshman 1996：1380）

此，有关吸烟到底是应对压力的工具，还是压力产生的源泉，这一争议也一直延续到了今天 [1]。近年来，有许多研究检验了尼古丁对治疗神经失调的有效性。烟草曾被视为一种治疗周身各种疾病的药物，这一观念在 20 世纪已经被大大削弱了——可能有些外行人还觉得烟草可以预防流感，或是可以帮助吸烟者咳出体内多余的黏液。不过，吸烟仍被视为一种控制体重的手段。关键是，这种烟草使用观念完全依赖于自我控制与自我展示的概念。在距今较近的西方烟草使用观念发展阶段中，这些概念成为了尤其重要的主题。

第三，西方对烟草使用的理解经历了一个特别独特的**个性化**阶段，在这一阶段，吸烟被视为一种控制情绪的手段。正如前文卡鲁克吸烟者的例子，美洲原住民所用烟草的形式、功能、用法和意义，以及他们对烟草的

---

[1] 例如，韦斯特（West）指出："许多吸烟者称自己享受吸烟，吸烟对他们有诸多裨益——尤其有助于控制压力、维持警觉。许多研究人员似乎默认了吸烟对心理有好处，并认为这种好处源自于吸烟是将尼古丁送进人体的一种有效方式。有些实验室一直在提供正面的研究结果……但并非所有证据都明确支持这一观点。事实上，斯皮利希（Spillich）等人（1992）就曾在《柳叶刀》的 9 月刊上发表过与此相悖的结论，他们认为，吸烟者在若干认知任务上的表现是逊色于不吸烟者的。"（West 1993：589）

理解和体验，主要受宗教仪式、集体信仰和传统宇宙观的支配，而非受个体差异的支配：正如哈林顿所述，"个体差异也会很小"。烟草在传入欧洲的早期阶段，使用方式就已出现巨大差异。以17世纪的"风流公子"为例，他们设计了一套非常讲究的烟草使用流程。18世纪的鼻烟使用者也精心设计了一整套"捏取"鼻烟的操作流程。此外，还有越来越多的鼻烟使用者通过调整鼻烟混合物的成分来实现个性化。但在即将迈入20世纪之时，这些围绕烟草类型及其使用形式的差异开始逐渐减少。香烟这种高度标准化的烟草使用形式出现了。不过，最为重要的还是功能的个性化（吸烟效果的个性化），这成为了20世纪烟草使用最主要的性质。换言之，烟草类型及其使用形式的差异性在减少，但功能的多样性在增加。克罗的观察结果必然是定位在这一阶段，而且指的是烟草使用在控制情绪时的高度个性化。烟草使用的个性化过程仍在继续，且已扩大范围。近年来，吸烟者能够通过购买特定品牌的香烟来凸显自己的个人形象，也可以通过购买不同焦油含量和尼古丁含量的香烟品牌来选择不同的吸烟"风险"。

第四，烟草的使用同时受生物药理因素与社会心理因素的影响，烟草使用体验的日益多样化恰恰与这二者之间的天平偏移有关。阿什顿和斯特普尼（1982：47）指出："从茶和咖啡（含有温和的中枢神经系统兴奋剂），到酒精（中枢神经系统抑制剂）和大麻等'软性'毒品，再到阿片类药物等传统的强成瘾性毒品，与它们有关的各种习惯都会持续受药理作用的影响。"前文曾论述过，在烟草传入欧洲后的这四百多年中，**药理因素对烟草使用行为的影响在不断递减，社会心理因素的影响则在不断递增**。美洲原住民和早期的欧洲烟草使用者追求的都是"力量的味道"（当然后者所追求的力量要远小于前者），相比之下，当代香烟对吸烟者的影响是相对温和、没有明确定义、也没有明确结束点的。我旨在证明，纵观整个烟草史，人们对烟草使用的理解曾经**大幅减少**烟草使用体验*的***差异性**——粗略概括一下就是，这些话语有效"消灭了"一些体验。不过，现在的烟草使用观念不同了，它们也已对当代的烟草使用体验产生了日益重要且占据主导地位的影响。这或许能部分解释烟草使用体验的日益多样化，尤其是考虑到功能个性化在过去约一个世纪里逐渐成为主导性主题的过程。由此出发，我们或可理解烟草使用方式从美洲原住民的风格向当代西方烟草使用者的风格的转变，前者是低使用频率，但每次的剂量很大，所用烟草很烈，后者则是高使用频率，但每次的剂量很小，所用烟草温和。

第五，也是最后一点，克罗重点关注的是尼古丁的作用，而非烟草整体的作用，这个重点的选择反映的是一个话语还原的过程，话语还原是临床医学话语的一大特征，从 19 世纪开始，临床医学话语逐渐在西方占据了主导地位。这里的话语还原旨在寻找并分离出可解释"人们为何吸烟"的一般性心理过程和药理过程。不过，这种将社会行为还原为稳定的、广泛适用的生理状态的倾向离不开某种形式的**过程还原**。正如前文所见，烟草本身从来都不是稳定不变的。烟草自传入英国及欧洲其他地区至今，已经发生了显著改变。换言之，烟草本身就是一个**过程**。同理，人们使用、理解和体验烟草的方式也发生了显著改变。我在这里所推崇的研究方法，需要对这些过程的**发展**及它们之间的动态**相互作用**加以研究。本书全篇都在利用医学界对烟草使用的理解，并将这些理解用作探究的主体和客体。前文已经论证过，这些理解已经开始支配当代的烟草使用话语，因此也已越来越多地影响并支配着主流的烟草使用体验和作为烟草使用者的感受。当代吸烟者为众多强大的生理过程所"奴役"，这或许能给他们带去强烈的烟草"成瘾"体验。关于戒烟的医学建议 [1] 离不开进一步的话语还原。人们认为，吸烟者可以用**尼古丁**口香糖、**尼古丁**贴片或最近出现的

---

[1] 比如，拉塞尔（Russell 1983）建议通过咀嚼尼古丁口香糖来帮助戒烟。

非燃烧式尼古丁吸入装置来替代香烟，从而逐步"戒掉"烟瘾。讽刺的是，这些戒烟产品可能反倒给西方的烟草使用指出了未来的发展方向。下文描述了第一款"无烟"香烟的问世：

1987年9月，在媒体的大肆宣传中，[R. J. 雷诺兹]烟草公司在纽约举行了一场新闻发布会，公布了这款新香烟的资料包、图表和剖面图。这款香烟的主要卖点在于，它的外观、点烟方式、味道、吸烟方式与其他香烟无异，但不会产生烟灰；在第一口或第二口吸完后，它就不会再产生烟雾了；吸烟中途将它放置一旁，它会自动熄灭，不会点燃与它接触到的任何表面。这是一种设计精巧的古怪香烟，烟草将一根碳棒包裹其中，整体呈圆柱状。吸烟时，碳棒会被点燃，燃烧的碳棒会加热吸烟者吸入的空气，这些空气会经过香烟中心内置的一个小型铝制胶囊，胶囊中是用烟草提取物（尤其是尼古丁）和食用香料制成的许多小珠。这款香烟上还装有醋酸纤维素过滤器，但无人解释该过滤器对一款基本无烟的香烟有何价值。霍里根（Horrigan）[R. J. 雷诺兹烟草公司的首席执行官]按照律师精心准备的话术发表了声明，称这款香烟中的烟草不会燃烧，因此可以"根除或大幅减少"正常香烟会产生的各种化合物，"包括经常引发吸烟健康争议的大多数化合物。简言之，我们认为这是全世界最干净的香烟……可以满足当今许多吸烟者的愿望和想法"（Kluger 1996：599—600）。

或许大家已经看出，"无烟"香烟的出现标志着对烟草的医学化"解剖"迈入了一个新的阶段，烟草的成分被"解剖"得更细了。这款新型香烟用的都不是烟草混合物，而是烟草"提取物"。不过，最有趣的是，这款无烟香烟得到支持的理由是，它是"全世界最干净的香烟"，它很"安全"。前者是一种美学论点，后者指的是，即便无人看管，它也不太可能引发火灾。克卢格（Kluger）继续说道：

不过，在霍里根试图详细解释这种全新香烟的性质和用途时，他的措辞却暴露了该公司在向公众介绍该产品时的进退两难。"我们并没有说这是一款安全的香烟，或是一款比其他香烟更安全的香烟。"他说，"我们的意思是，使用这款产品后，许多针对烟草燃烧及其所产生化合物的指控都会大幅减少。"这番含糊其词的言下之意其实很明确：这款香烟的危害较小——若非如此，雷诺兹烟草公司为何要推销它呢？只是为了满足"当今许多吸烟者的想法"吗？这会让该产品变成一个彻头彻尾的骗局吗？（Kluger 1996：600）

在克卢格看来，这款无烟香烟不过是烟草行业为欺骗消费者的又一次尝试，他们企图让消费者相信，他们发明出了更安全的产品。尽管克卢格的这一观点与我在本书前3章提出的论点一致，但我认为，R. J. 雷诺兹烟草公司的这一发明确实能满足吸烟者的某种真正需求——该需求与其说是"想要更健康"，不如说是"想要**满足社会对可接受行为的不断变化的标准**"。为什么要装过滤器？或许是想帮吸烟者避免随地吐痰。为什么要具备"阴燃"的属性？这样能减小吸烟者引发火灾的可能性。为什么要避免产生烟灰？这样吸烟者就不会在吸烟后留下"一片狼藉"。不过，最重要的问题是，为什么要无烟？烟雾正是烟草使用"烦扰他人"的原因所在；也是让吸烟成为"空间"问题的原因所在。从这个意义上来说，无烟香烟确实能满足当今吸烟者的一些愿望和想法：能够满足政治正确的要求——能够保证在他人面前吸烟时，不会传播**疾病**。尽管R. J. 雷诺兹烟草公司的这一发明发展不顺，但无烟香烟仍有可能最终发展为最受欢迎的烟草使用形式和模式，这都是尚无定论的事。不过，这些过程的发生显然是为了应对本书关注的一个最根本的范式转变：烟草从初入欧洲时众人眼中的万灵药，沦落成了如今众人眼中的**大流行病**——一种蔓延全球的成瘾性疾病。

第4章　成为吸烟者

本章将重点探究烟草使用在"个人"层面的发展。本书引言简单介绍过贝克尔（1963）的著作，我希望借助他的研究成果来理解成为吸烟者的一些过程，从而建立一个普遍适用于当代西方烟草使用者的"职业"吸烟"生涯"模型。

本章将广泛用到我在经济和社会研究委员会（Economic and Social Research Council）资助下，于1995年2月到1996年3月完成的一项研究。我稍后会全面介绍这项研究，并解释开展这项研究的根本原因。现在，我想先特别说明一点，刚开始研究个人的烟草使用发展时，我其实不太清楚可能得出什么样的结论。但事实证明，我的发现有趣极了。我逐渐发现，个人（至少就我的研究对象而言）的烟草使用发展方向与西方烟草使用的长期发展方向非常相似。

下面，我将吸烟者的"职业生涯"分为五个阶段：开始吸烟、继续吸烟、经常吸烟、吸烟成瘾和停止吸烟。

我将通过解释这个五"阶段"模型来深入探究个人的烟草使用发展方向。我将论证（与西方烟草使用的长期发展历程一样）烟草的"失控"效应、头晕、恶心和呕吐主要出现在该"职业生涯"的前期阶段。我将说明，随着经验的丰富，吸烟者会越来越少将烟草的使用用作展示**给他人看的标志**——这种做法主要是服务于社交目的，是受访者在"开始吸烟"阶段的典型特征，也是17世纪**礼俗式**吸烟社会的典型特征。与此同时，吸烟者会越来越多地将烟草的使用用作展示**给自己看的标志**。我将指出，与上述转变相关的是，随着烟草使用"职业生涯"的推进，个人通常会越来越多地独自吸烟（这也是**法理式**吸烟社会的典型特征）。此外，我还将探究烟草使用者在整个"职业生涯"中是如何体现烟草使用功能及合理化理由的日益个性化的，尤其是在"经常吸烟"阶段。我将指出，在向烟草使用"职业生涯"的高级阶段发展时，烟草使用对个人身份构建（被用作代表自己的标志）的重要性会越来越大。我将观察个人对烟草使用效果及整体体验的控制是如何不断增强的，这也与个性化有关。我将探究烟草的使用如何**成为了一种自我控制的手段**（这也是社会层面烟草使用发展历程经历过的一种长期转变）。最后，我将探究受访者在进入"职业生涯"高级阶段后表现出的一个主要特征：日渐明显地认识并感受到吸烟的成瘾性，并开始**受制于**烟瘾。

研究综述

我之前的研究由 50 次半结构化的"深度"访谈构成，访谈对象包括吸烟者、不吸烟者和已戒烟者。受访样本并非随机选择，因此从实证主义和统计学的角度来说，该样本并不能代表更广泛的群体。该样本的选取可能与某些方法论标准相冲突，但需要指出的是，我并不认可许多方法论标准中的假设和**基本原理** [1]。

我一共采访了 2 名不吸烟者、9 名已戒烟者和 39 名经常吸烟者。访谈时长不一：最短的 10 分钟左右，最长的在一个小时以上。我会让受访者尽可能详细地阐述与研究主题相关的观点。访谈的核心议程是让他们阐述自己成为吸烟者的种种过程。我还试图了解这些受访者在继续吸烟的过程中，对烟草的理解、使用和体验有何变化。每次访谈也会探究受访者的戒烟经历。在采访不吸

---

[1] 从更本质上来说，我的方法选择表达的是，我拒绝用实证主义的方法来开展社会学研究，至少不是按孔德（Comte）提出实证主义这一术语后，人们对它的理解来做。我已经为自己所选的这种方法策略辩解过了，也在其他著作中探讨过影响这一策略的社会学问题，见休斯（Hughes 1996）。

烟者（在本研究中指从不吸烟的人）时，我主要关注他们从不吸烟的原因，以及他们对吸烟的态度。在采访已戒烟者时，我主要关注他们的戒烟过程，以及他们戒烟后的自我感受，是将自己视为不吸烟者还是已戒烟者，以及就这些术语的常见理解而言，是否存在显著区别。

访谈中的问题都是基于一系列假设设计的，部分假设我会用本书业已得出的观点加以解释。有了这些观点的帮助，你或许能看出，这些问题都是针对"20世纪"典型烟草使用形式设计的。比如，在采访吸烟者和不吸烟者时，我会耐心询问香烟、卷烟（手卷烟）、雪茄和烟斗的使用效果有何**不同**（附加条件为"若有不同的话"）。这些访谈问题的设计明显是基于一个前提：**吸烟的体验确实各不相同，且差异大到能被吸烟者描述出来**。正如我旨在证明的，烟草使用体验的日益多样化也是西方烟草使用发展的一个阶段性特征，它所代表的阶段距今较近。

更重要的是，这些问题还带有另一层假设：受访者的吸烟行为会经历某种形式的**发展**，也就是说，他们的吸烟历程涉及一系列的过程，且吸烟者有能力区分这些过程中的不同"阶段"，尤其是能区分成为吸烟者的那个特定的"时刻"，在到达这个"时刻"之前，他们不会认为自己是吸烟者。

吸烟者这个词本身并不像乍看起来那样毫无问题。

一个人到底什么时候才算真正成为了吸烟者？是将第一支香烟（或其他烟草使用形式）放进嘴里的那一刻，是在吸完第一支烟（或其他烟草使用形式）之后，还是第一次购买烟草之时？是否正在吸烟的人就是吸烟者？是否香烟熄灭后，吸烟者就又变回了不吸烟者或已戒烟者？若非如此，那要戒烟多久才算成为了已戒烟者或恢复成了不吸烟者？这些问题都很重要；若不借助实证调查，就无法给出令人满意的回答。若只采用一种**合乎逻辑**的外部标准，比如，将吸烟者定义为**经常**吸烟的人，就会错过许多重要的过程。要回答上述问题，更恰当的做法是**分阶段地**看待吸烟行为，并试图"**通过**"吸烟者自己的"**眼睛**"来理解吸烟行为。我们可以对上述问题做出相应调整：烟草使用者是从什么时刻开始将自己视为"吸烟者"的？这种问法是部分基于这样一种假设："成为吸烟者"与特定的自我形象、身份和体验有关。近年来，将烟草使用视为**身份构建**方式的观念开始成为最重要的主题。

此外，"时刻"这个词本身可能就具有误导性（正如"烟草使用者是从什么时刻开始将自己视为'吸烟者'的？"中的时刻一词）。从后文可知，受访者很难确定自己**成为**吸烟者的特定时刻，他们提到的都是一系列过程，这些过程会在后文中探讨。一些受访者认为，无论自己是否已停止吸烟，他们都**永远**是吸烟者。因此，采用现成的外部分类对研究烟草使用的观念非常不利，可能误导研究人员，让他们忽略业已出现的核心问题。

虽然从统计学意义上来说，我的访谈不具备随机性，但在选择采访对象时，我还是兼顾了多样性：失业者、前科犯、学生、空中交通管制员、讲师、管理顾问、秘书、体力劳动者等。受访者的年龄跨度也很大，从 14 岁到 65 岁不等。访谈主要是在受访者自己位于莱斯特的工作场所或住宅内进行。还有一些访谈是在曼彻斯特、伦敦及肯特郡的不同地区进行的。有些受访者是我在采访之前就认识的，但也有许多受访者是我之前不曾见过的，是在非正式场合偶然接触到的。部分受访者认为自己是亚洲人、加勒比黑人或混血民族。受访者中有 28 名女性、22 名男性。

我将访谈内容都转写成了文本资料，对这些资料的分析方式如下：先通读、熟悉所有访谈内容，再认真阅读，以确定核心主题。在阅读了约 20 份访谈资料后，我所能找出的主题数量达到"饱和"——我再也找不出更多不同的主题了。我会根据个人烟草使用的不同发展阶段来划分和分析这些主题。为便于区分，我给每个阶段都贴了特定的标签，这些标签来自于当代烟草使用者的理解：开始吸烟、继续吸烟、经常吸烟、吸烟成瘾和停止吸烟。在下面的每一节中，我都旨在突出我从访谈资料中得到的**各种**回复，以及将这些回复与前文出现过的主题关联起来。

开始吸烟

正如前几章的例子所示，有关吸烟初体验的文字记录非常翔实。在我的研究中，大多数受访者对第一支香烟的记忆都是恶心作呕，不过也有一人表示自己当时十分享受。不过，总的来说，受访者普遍都在第一次吸烟时出现了明显的身体不适。某次访谈中，我弄错了第一个问题。我的开场问题一般都是，你是几岁初尝烟草的？但这一次，我问的是，你是何时开始吸烟的？而这个问题帮我得到了意义重大的回复：

> *我想先与你聊聊开端——你是何时开始吸烟的？你是几岁初尝烟草的*[1]*？*
>
> 你问的是我的初次体验，还是我开始**吸烟**的时间？

---

[1] 所有转写内容都采用统一格式，其中我的话是斜体，受访者的话是正常字体。

你的初次体验。

印象中是 12 岁左右。我奶奶过去经常吸烟。那天放学后，一个非常要好的朋友来我家，我们从她那里偷拿了一支香烟，躲到自行车棚里吸，每一分钟都是煎熬。我太讨厌那种感觉了。我试着告诉她该怎么吸烟，她也不喜欢，非常不喜欢。

你为什么要这么做，是什么在驱使你？

我不知道，真的，我完全不知道，可能只是出于好奇吧。我有两个哥哥，一个比我大 6 岁，一个比我大 4 岁，他们有一些吸烟的朋友——他们俩当时是完全不吸烟的，但……我也说不清，我或许只是想知道吸烟是什么感觉吧。上帝呀，我太讨厌那种感觉了，真是恶臭难闻。（罗茜，23 岁，学生）[1]

在上述这段访谈中，受访者将自己的初次体验与自己"开始**吸烟**"的时间明确区分了开来。她的回复引出了一个重要问题：吸烟者（根据定义）在如此糟糕的初体验后，为何还会继续使用烟草？暂且不谈人们初尝烟草的种种原因，就非常基础的常识而言，人必须先习惯

---

[1] 我用于描述受访者的"标签"（学生、秘书、前科犯等）都来自他们对我所提问题的回答：你会如何描述自己？

烟草，才能享受烟草——**吸烟是需要学习的**。正如本书引言所述，贝克尔在 1963 年对大麻使用者的研究中发现，大麻使用者需要习得吸食大麻的**技术**，学会以积极的方式**感知**大麻的效果，这样才能维持他们吸食大麻的行为，让他们进入大麻使用者的更高阶段。本研究在观察吸烟者的发展过程时也有类似发现：

　　我确实记得一件非常特别的事，在刚开始吸烟的头 6 个月里，我其实连吸气都不会！我曾试图把烟雾咽下去，这让我非常不舒服。（安杰拉，26 岁，研究生研究员）

　　你能描述一下自己初尝烟草的体验吗？

　　并不美妙。我过去的吸烟方式吧……就是把香烟放进嘴里，我不会把烟雾吸进去，都是直接吐出来。每个人都对我说，"这种方法真是太老土了"，他们会教我如何将烟雾吸进去，而我差点呛死！那次是在我们学校的操场上。（戴维，33 岁，销售人员）

　　总的来说，刚成为吸烟者时是什么感觉？

　　我也说不清，就是很兴奋吧，感觉自己长大了！那是一种全新的体验。吸烟是项技能，你得学会正确运用它的方式，这样别人才不会说，"她吸气的方法不对，她那样可不算吸烟"。你必须学会这项技能。

我已经**学有所成了**。（安妮塔，22 岁，酒吧工作人员）

我第一次吸烟时……似乎没有任何感觉。我记得自己有过几次因吸烟过量而生病的经历。我第一次吸烟是在 10 岁左右，那时真的不知道该怎么做。我都没学会吸烟，就在大约两个小时内吸完了差不多 20 支香烟（fags）[1]，所以我的初次尝试是以生病告终的。（布赖恩，15 岁，学生）

虽然吸烟的技巧学起来似乎没有吸食大麻那么复杂，但终究是需要**习得**的——这可不是吸烟者"与生俱来"的东西。一如前文所述，正确掌握吸入烟雾的技巧至关重要；这个吸入不是吸进嘴里这么简单，而是更深入地吸入肺里。了解吸烟的量和频率也很重要。第二位与第三位受访者在叙述中明确提到了，这些技巧是在吸烟者的群体中通过不断强化习得的（这一点与贝克尔的研究结果一致）；简言之，"正确的"吸烟方式是需要学习的。在接触烟草的早期阶段，使用者会逐步**习惯**烟草烟雾，增强身体对它的**耐受性**——我愿将这一过程称为习惯化（后文将更详尽地探讨这一过程）。

---

[1] 为美国读者解释一下：原文所用"fag"一词是英式英语中广泛使用的俚语，就是"香烟"的意思。

同样根据贝克尔的研究可知，使用者对吸烟效果的**感知**也是习得的，他们还需学会区分"想获得"与"不想获得"的效果：

> 我一开始并不知道自己该怎么做，也不知道自己应该体验到什么。我只知道吸烟是被禁止的，但确实有人吸烟，因此，这是一件相当大胆之事。当时的我并不知道人们为什么要吸烟。我完全不知道吸烟会给人们带来什么。（迈克，30岁，研究员）

该受访者称，他并不知道"自己**应该**体验到什么""吸烟会给人们带来什么"。这里隐含的意思是，这项技能是逐渐习得的，必须通过**学习**才能掌握。这段访谈引出了另一个核心问题：人们开始吸烟的原因是什么？根据迈克的回复，吸烟显然是有一些不正当的吸引力存在的，它被视为对权威的反抗。这也是访谈中一再出现的主题：

> 你开始吸烟的原因是什么？
>
> 这个嘛，可能还是因为：和朋友们出去玩，每个人都在吸烟，我可能是觉得这事……嗯……关乎独立——就像看到那些广告，会让我觉得，这就是

我想成为的人，我想要将自己的生活掌握在自己手中，我愿意承担那个风险——我的意思是，我享受冒险的感觉。吸烟对我来说更像是一种叛逆……我的父母是严格的反吸烟者。我的意思是，我爸这个人吧，如果我们在餐厅用餐，同桌有人吸烟，他会直接起身离开，并大发雷霆，再没有比这更令他愤怒的事了。因此，对我来说，吸烟是一种禁忌，但我又觉得，这有什么大不了的呢——这就是我的叛逆。我觉得，若不是他们这般小题大做，我也不会对吸烟这么感兴趣了。青春期就是这样，你就是想做一些父母不同意的事情，吸烟就是其中之一，是我用来摆脱父母控制的方式之一。（萨姆，24岁，教师）

上面这位受访者将吸烟视为一种摆脱父母控制、维持自身独立的方式。她认为，恰恰是对吸烟的严格限制让这一行为充满了吸引力，让它更像是一种叛逆。与此同时，她还将吸烟视为一种向自己及他人展示成熟的方式。吸烟还是一项"冒险"且"刺激"的活动。她继续说道：

我想那是因为每个人都在吸烟，吸烟在当时是件很酷的事。我当时的男朋友吸烟，他比我大很多，因此，吸烟成了一种更成熟、更有能力的象征。而且年满 16 岁的人才能买烟，我当时刚满 16 岁，我就觉得，这就是我现在该做的事。你知道的，这样还可以让自己显得更成熟。……当时，这意味着你足够厉害，能够……我不知道该怎么说，也不是**厉害**，那种感受真的很难描述。这意味着你去酒吧玩的时候，可以边喝酒边吸烟，你可以把烟灰抖落得到处都是。我认为这不是钱的问题，无关你是否买得起，当然，看到拿着 10 支装香烟的人，你有时也会说一句小家子气之类的。但其中肯定存在某种东西，某种地位，会让你感觉更……我也不确定，可能是更独立吧。正如我之前所说，你会更有掌控感，毕竟吸烟与否是你自己的选择，你**可以掌控它**。我觉得，当时在我眼里，吸烟就是这样一种形象吧。（萨姆，24 岁，教师）

因此，对萨姆来说，成为吸烟者意味着更像成年人，更"独立"。这也象征着某种程度的自由，象征着她才是自己生活的掌控者。换言之，吸烟是她的**成人礼**。下面这位受访者的回复格外清晰地体现了这种**过渡**时期的观念：

在那种年龄，你往往十分迷茫，总觉得，"我不再是小孩子了，但也没有成年"——你有一只脚迈入了成年，但另一只脚还留在原地。而且这个年纪吸烟显然是违法的，爸爸妈妈也会叮嘱你"不要吸烟"。（萨拉，32岁，秘书）

值得注意的是，这些是从青少年时期开始吸烟的人所特有的想法（与本研究中大多数受访者的情况一致）。对于成年后才开始吸烟的人，他们最主要的观念显然不会是将吸烟视为成熟的表现，或反抗父母控制的手段。不过，在这些访谈资料中，还有另一常见主题：吸烟行为的开端与人生中的其他过渡也有一定关联：

我记得当时是在期末考试期间，我有一个约会对象，是个吸烟的年轻女性。某天，在她的建议下，我（为了缓解期末考试前的紧张情绪）买了一包烟。我一天之内就吸完了一整包烟，吸完之后，我改了主意，我觉得这些是"长者服务"，并不适合我，我还有更好的缓解紧张的方式。在我成为研究生后的第一个学期末，我的导师诺贝特·埃利亚斯要求我总结一下本学期的收获。我记得自己去了研究生的公共休息室，正好碰见了一名关系很好的女同学（顺便一提，她不是我的女友）。她是吸烟者，正在攻读英语方面的研究生学位。我把导师布置的这项任务告诉了她，也倾诉了自己的担忧。她建议我吸烟，而我打算采纳她的建议。尽管我当时仍是大学足球队和板球队的队员，但还是决定采纳她的建议，部分原因在于，我对自己的形象定位正在改变，之前，我的主要身份是运动员，只是碰巧学习很好，又有一些野心（我希望我说的有一些野心的**好**学生是指学业上的）。我对自己的定义正在改变，我希望成为一个以学业**为主**的人，拥有艺术家一样的学者气质。我所说的艺术家是那种住在阁楼里，甘愿忍受贫穷，为自己所追求的艺术、所研究的主题而吃苦的人。吸烟似乎与研究生的身份很相称。（德里克，59岁，大学教授）

总的来说，我所采访的许多吸烟者之所以开始吸烟，都与他们的自身形象、身份的转变密切相关——这个转变可能是从儿童到成人，也可能是像德里克那样，从运动员到学者。"开始吸烟"阶段的一个主要主题与此直接相关：为了外在形象而使用烟草——这个身份认同的过程既指向自我，也指向他人。事实上，对处于这一阶段的许多吸烟者来说，吸烟就是他们社会生活的核心，也是特定群体内社交活动的核心：

> 吸烟对年轻女性，甚至对未成年女性来说都真的、真的非常重要！青春期正是一个人刚开始喝酒、刚开始约会、刚开始化浓妆的阶段。我做的不止这些，我从 14 岁就开始戴隐形眼镜了；这大大改变了我的自我形象。我觉得自己当时非常朋克（我是粉丝俱乐部里第一个系铆钉腰带的人！），吸烟也是我朋克形象的一部分……是的，吸烟是社交的一部分。它与青少年的身份有关，青春期的女孩会与男孩约会，在游乐场接吻，相互分发香烟。我还记得一次薄荷烟事件。那是某个品牌的薄荷烟，品牌名我忘了，只记得是 C 开头［领事馆牌（Consulate）］。这种香烟通体白色，还带有白色的过滤嘴，两头看上去毫无区别。我记得，我是和当时的男朋友在一起，他点烟时点错了方向……也可能压根是我弄错了！我俩禁不住捧腹大笑了起来。因此，吸烟本身就是青春期叛逆行为的一部分。就我的自我形象而言，我那时非常爱去酒吧，尤其喜欢和年长的人混在一起。带上金边臣香烟（Benson & Hedges），会让我感觉自己更加成熟。（安杰拉，26 岁，研究生研究员）

在我的研究中，烟龄较短的吸烟者（不愿承认自己"经常"吸烟的人），往往将自己定义为以"社交"为主要目的的吸烟者——也就是说，他们很少独自吸烟，主要是在社交场合吸烟。比如：

> 我社交的时候才吸烟……我从未上瘾，如果我想戒的话——其实我都基本不吸了，我昨晚是吸了一点，但那也是为了社交。吸烟真的很蠢，这就是我应该戒烟的原因。而我从未上瘾，因此吸烟对我来说毫无意义。第一学年时，我住学生宿舍。当时与我非常非常要好的朋友要吸烟，她的男友也要吸烟。我其实已经连着两个学期没有吸烟了。刚上大学时，我也有过烟瘾短暂发作的时候，但我总能数月、数月地坚持下来，后来，我与那名好友及其男友，还有其他一些吸烟者待在一起的时间太长了，便又逐渐恢复了吸烟的习惯。但我不是那种坐在自己房间里都会犯烟瘾，想着"哦，上帝啊，我需要来上一支烟"的人。我若想吸，就会出门找朋友玩，只要出门，我就能吸上烟。
>
> *你觉得自己算吸烟者吗？*
>
> 我不愿承认，但我觉得应该算。我白天真的不吸烟，不碰那玩意儿，但我觉得自己是吸烟者。（罗

茜，23岁，学生）

　　这位受访者并没有立即承认自己是吸烟者，但在用到外部标签时，她觉得其他人会给她贴上吸烟者的标签。有趣的是，她说，"而我从未上瘾，因此吸烟对我来说毫无意义"——这就好比说，吸烟应该只是一件**不得已而为之**的事。对于这一主题，我稍后会更详细地探讨。现在，我将再举一例，继续展示在成为吸烟者的初期阶段，吸烟与社交之间的关系：

　　　　吸烟是交谈的一部分，是与他人交谈时非常重要的组成部分，代表着你们之间关系亲密。你知道的，当一群人坐在车里静静等待某事发生时，分享一支烟可以让大家聊起来。当然，吸烟也与与异性相处有关。给对方递烟是你与异性相处时可以做的事，分享香烟是你们互动的一部分。我想这就是吸烟吸引我的地方。我喜欢吸烟，我能接受它的味道，严格来说，我其实很享受那个味道，虽然我一直不喜欢在室外吸烟。但"社交活动"总会将香烟带到我身边，让我一直无法戒烟。（里克，51岁，高级讲师）

根据访谈资料总结一下"开始吸烟"阶段的核心主题，这些主题的重点都在烟草使用的社交功能方面。有人认为，吸烟的技巧、感知和行为主要是通过**社交**习得的。开始阶段还有一个特别重要的特征，烟草被用作展示给别人看的"标志"。吸烟成为了社会身份转变的标志：标志着成年，或是标志着某种特定的社会身份。这些身份的转变往往离不开对某一套价值观、规则和观念的拒绝，甚至是反抗，也离不开对另一套价值观、规则和观念的接纳。"开始吸烟"阶段的另一核心主题就与此有关：利用吸烟来促进社会关系；加强社会纽带；表达自己属于某一个特定的社会群体。

继续吸烟

受访者普遍反映，在继续吸烟的过程中，自己的吸烟频率越来越高了（有一人称自己的吸烟频率降低了），而且更"稳定"了——他们的烟草使用行为开始有了更**一致**的模式。有趣的是，许多受访者纷纷表示，他们在这一阶段的吸烟目的不一样了：

在你继续吸烟的过程中，你的吸烟行为有何变化？

为缓解压力而吸烟的情况开始大幅增加。从某种意义上来说，我过去吸烟也是为了缓解压力，但那是为了让社交更顺利。那是在社交场景下不得不做的事。后来，我在工作中为自己吸烟的情况开始大幅增加。在承受着某种压力时，在有要事要做时，在有大事逼近最后期限时，我都会买些香烟，坐在那里，边吸烟，边工作。因此，我开始更多地把它用作……帮助我完成任务、克服压力的工具。（里克，51岁，高级讲师）

我一开始都是在酒吧吸烟。当时，吸烟无疑就是一种社交行为，是我与身边朋友的相处方式。后来，吸烟变成了应对压力的工具，它可以让人得到片刻的休息，或是在某人令我恼怒时，让我得以脱身，摆脱那种处境。离开室内，来上一支香烟，然后又可以继续坚持下去。在结束了可怕的辅导课后，我也会来上一支香烟，吸烟可以让我的头脑恢复清醒，做些不同的事。（克里斯，20岁，学生）

从这些回复中可以观察到几点关键的变化，这些变化都是受访者在"继续吸烟"阶段的典型特征。首先，受访者开始越来越多地**独自**吸烟。其次，他们开始越来越多地将吸烟用作一种自我控制的手段。在这一阶段，吸烟作为展示给他人看的标志的角色仍然重要，但重要性有所下降；吸烟开始更多地被用作展示给自己看的标志，提醒自己"做出改变"，提醒自己改变情绪状态。对此，一位受访者的解释如下：

　　我认为，它更像是……它几乎就像是你……它不是一件简单的事，不是吃片药就能见效，就能让你掌控自己。它更像是……你说给自己听的故事。它更像是一种迷信的观念，你借用它来告诉自己，你有能力应对某种艰难的处境。它就像是一种展示给自己看的标志。它是一种调动你已有资源的方式。那种感觉仿佛是香烟赋予了你某种力量，让你去完成之前做不到的事。它仿佛在对你说："你能做到的！"它就像是一面旗帜：飘扬在战场上的旗帜并不会赋予军队他们所没有的力量，但却仿佛有着振聋发聩的声音，提醒军人们："你们能做到的！"——这是一种坚定的信念。它传达给你的是，你可以的，你要努力。香烟本身并不具备某种特殊属性，不能赋予你额外的力量，但你或许能感受到自身力量的增强，这是一种幻觉，产生幻觉的原因在于，你有了焦点，你全神贯注，你在竭尽全力地应对眼前的艰难处境。（里克，51 岁，高级讲师）

是否经常吸烟或是否独自吸烟成为了定义一个人是否是吸烟者的标准。词典中对"**吸烟者**"一词的定义也很有趣："吸烟者，名词：1. 习惯性吸烟的人"（*Collins English Dictionary* 1991：1459）。根据这个定义，当一个人开始**习惯性**吸烟，他／她就成了吸烟者。**习惯**这个词本身似乎就暗示了某种程度的**冲动性**或**经常性**。记住这些，再结合下文，就能有效定义"吸烟者"了：

> *你是从什么时刻开始将自己视为吸烟者的？*
>
> 我觉得是在 17 岁之后——准确地说，应该是 18 岁左右。
>
> *是什么变化让你产生了自己是吸烟者的感觉？*
>
> 我觉得是因为我更沉迷于它了。刚开始吸烟时，我对它并无渴望，它对我来说不过是一件可做可不做的事。后来，过了一年左右，我对它的渴望更强烈了，我觉得差不多就是那个时刻吧。（蕾切尔，21 岁，研究员）
>
> 印象中，我是 16 岁才真正学会吸烟的，那时，我刚开始参加聚会、喝酒。聚会上有人给我递烟，开始了我对正确吸烟方式的学习。那些递烟的人也不再像以前那样带有激将的意味，像是在问"就问你敢不敢吸吧"，他们会拿出一种真正成熟的姿态。

我原本只是偶尔吸烟，后来就喜欢上了。我真正成**为吸烟者**都是中学六年级后半段的事情了，在那之前，我只算是偶尔吸烟者，非常偶尔——只有在参加聚会，有人递香烟或雪茄给我时，才会吸烟。我那时还没有真正养成自己买烟的习惯……

是 18 岁吗？

是的，就在我中学六年级快要结束时。

你是将吸烟者区分成了偶尔吸烟者与"真正的"吸烟者吗？

是的。

他们之间的区别是什么？

区别在于，我会主动买烟，那些东西都是我自己买的，是我有意识的行为……我很清楚是我自己想要吸烟，而不只是因为别人给我递了烟，我才不得不来上一支。（迈克，30 岁，研究员）

首先需要特别提到的一点或许是，这两位受访者对吸烟者的定义与柯林斯词典的定义惊人地一致。从他们的反馈中可以明显看出，他们认为**习惯**吸烟的人才是吸烟者，这反映了对烟草使用最主要的理解。由此可知，吸烟者的身份中包含了依赖性、习惯性冲动及成瘾的概念。或许显而易见的是，受访者难以确定他们将自己视为吸烟者的特定时刻。他们都将成为吸烟者描述成了一个循序渐进的过程，在这个过程中，某些特定的感觉会越来越强烈。迈克将重点放在了购买香烟上，这个回复十分有趣；他似乎在暗示，购买香烟的行为标志着他开始对香烟有了依赖——他越来越**需要**它们了。迈克还描述了他在继续吸烟过程中的另一核心转变：不再像孩子般淘气，将递烟视为一种激将，开始摆出"一种真正成熟的姿态"，这似乎也是在暗示，人们是为了烟草**本身**而去使用它，而非为了吸烟行为所代表的叛逆或冒险。这凸显了一个事实，上文提到的诸多变化其实都与更普遍的一个人生转变有关：迈入成年生活。

综上所述，"继续吸烟"阶段的核心主题如下：首先，烟草使用者独自吸烟的情况越来越多。其次，与第一点变化有关的是，吸烟作为展示给自己看的"标志"的角色开始越来越重要。人们开始越来越多地利用吸烟来控制自己、控制情绪。吸烟成为了发送给自己的信号，用来标记自身情绪的变化或交替，用来提醒自己该"暂时休息一下"，或该"做出改变"。最后，受访者们认为，只有在自己开始渴望烟草或需要烟草后，他们才算成为了"名副其实的吸烟者"。就定义而言，吸烟者身份的一大核心在于，对烟草的依赖越来越重。这类观念可见于西方烟草使用观念的长期转变之中。人们认为，一个人在真正感受到对烟草的**依赖**之前，都不能被称为"真正的"吸烟者，这种观念也体现了吸烟被视为"瘾"的普遍性。这些观念标志着烟草使用者"职业生涯"中的另一重要转变：烟草的使用从以尝试和自愿为主的行为，转变为以**缓解**戒断反应为目的的冲动行为。

经常吸烟

在自认是经常吸烟者的受访者中，出现了一个关键主题：这一阶段的烟草使用**越来越个性化**了，包括吸烟功能的个性化；合理吸烟理由的个性化；吸烟者自我形象及身份的个性化；以及吸烟效果的个性化。这一阶段的特征似乎是，烟草使用体验的**多样性在增加，显著的差异性在减少。**

根据受访者的反馈，在"继续吸烟"阶段，烟草越来越多地被用作展示给自己看的标志，而在"经常吸烟"阶段，烟草开始越来越多地被用作代表自我的标志。从下面这段访谈中或可看出，烟草使用是如何成为吸烟者身份的核心组成部分的：

> 我记得，在奥地利时，我选的都是非常烈的香烟……我确实非常喜欢挑战我的承受力。我觉得这

主要与我当时的心态相关，我想要成为一个非常强大、冷酷的人，希望自己能给别人这样的印象。你知道吗，我总觉得这就像是你会因自己酒量很好而自豪一样。我知道我能喝好几杯，也喜欢烈性香烟，我认为这都与我想要成为一个冷酷而强大的独立女性有关。这种很烈的香烟在奥地利被称为"血腥之手"（Red Hands）；我犹记得，有天早上，在与同床男子一同醒来后，我立刻摸出一支这样的香烟吸了起来。这种香烟不带过滤嘴，用的是效力很强的黑色烟叶！而这一切都是为了，为了尽可能显得自己特别冷酷。……我现在吸的都是带过滤嘴的香烟了，而且会吸到最后；不是只剩烟头，但也差不多了。熄灭香烟时，我通常会把烟头摁在旧烟头上，让它们叠在一起。我意识到了一些事情，比如……不同的灭烟方式也像是你个性的一部分。关于吸烟的很多东西都非常重要。说回我想要显得"冷酷"的那个阶段，我在与人觥筹交错之时，嘴里总是叼着一支烟，我毫不介意自己的形象。……我完全不担心自己会显得粗鲁无礼。那是以前的烟灰女士，就像嘴里叼着香烟的清洁工。但我并不介意，因为这就是我在酒吧里树立的女强人形象；是你绝对不敢招惹的对象！因此，每当觥筹交错之时，我总是嘴里叼着烟，双手忙着推杯换盏。我毫不担心，我不认为这会有损我的形象。我甚至觉得，从某些方面来看，这可能有助于巩固我的形象。（安杰拉，26岁，研究生研究员）

对安杰拉来说，"成为吸烟者"与她作为"女强人"的身份密切相关。烟草的强度被视为身体与精神"力量"的象征，"坚韧"的象征，这种观念其实与卡鲁克人类似。这一主题在本次访谈中出现得十分频繁，尤其是在年轻的女性受访者之中。比如下面这位受访者：

我喜欢吸烟，我感觉吸烟能让我摆脱女孩子气。
这话是什么意思？
我觉得，在你闲逛时，若是吸着烟，会显得更豪放一些，就不女气了，就与温柔、干净和咯咯傻笑彻底划清界限了。……就像是黛比·哈里（Debbie Harry）那种感觉。（安妮塔，22岁，酒吧工作人员）

上述两位受访者几乎完全没有**内化**一种流行观念：吸烟者是"软弱""不理智"的。安杰拉还在后续访谈中继续说道：

总的来说，我觉得就连我自己也是认同"不吸烟更成熟"的观念的。因为在我看来，这意味着你可以基于事实，做出对自己身体与健康有益的关键决定，并将这些决定坚持下去。所以，从某个方面来说，吸烟算是一种缺点，但我觉得，我自己是没有……我确实认同那种观念，但我觉得它不一定适用于我。就某种程度而言，吸烟对我是种优势：吸烟的人更强大。这与坚韧的概念密切相关。

更强大是指哪方面？

我觉得是更努力吧。这种努力一定源自点烟和灭烟的那一整套动作：你得与脏污和烟灰打交道。吸烟的人干净得多，身上也没有太难闻的气味。这就要求你点烟和灭烟的那套动作几乎要做到谨小慎微。这其实是我为自己建构的一套理论，为我确立了吸烟的合理性。你若理性思考一下，会发现它其实并不真的……但它适用于我。（安杰拉，26岁，研究生研究员）

第3章曾探讨过虚无主义者的愤世嫉俗，与当时强调过的一个主题有关的是，安杰拉似乎坚信吸烟会产生"豪放"的效果，是豪放、坚韧的象征。她的回复清楚表明，她知道吸烟是她展示给他人及自己看的一种标志。

她承认在一般意义上，吸烟是不好的，但她觉得那些观念并不适用于自己。因此，对安杰拉来说，吸烟**更重要**的角色并不是作为**展示给他人看的标志**，而是作为**展示给自己看的标志**，以及作为**代表自己的标志**（她将这些角色区分开了）。她非常清楚，她用了一种高度个性化的方式来为自己建构[1]吸烟的合理理由。她明确表示，"这其实是我为自己建构的一套理论，为我确立了吸烟的合理性"，并将她的观点与**理性**观点（其他人看她吸烟时可能有的看法）进行了对比。简言之，安杰拉非常清楚她自己在维持吸烟习惯方面发挥了**主观能动性**。同样显而易见的是，她将自己所用的香烟**品牌**也视为这些过程中不可或缺的组成部分：

> 我抽的是大使馆牌过滤嘴香烟（Embassy Filter），这款香烟稍短，但更烈。这款香烟我已经抽了很长一段时间，感觉就像"写着我的名字"。我知道它们被称为"流氓香烟"，是利物浦的一大特色。我也知道它们带有一点反叛和更偏工人阶级的元素。但它

---

[1] 同样明显的是，受访者在这种"建构"的过程中，会借助更广泛话语体系中的特定形象——比如，前一位受访者明确提到了流行歌手黛比·哈里，这位"不好惹"女性的代表。

们对我来说就是刚刚好。（安杰拉，26 岁，研究生研究员）

特别有趣的是，上述有关大使馆牌过滤嘴香烟的联想与另一位受访者有关大使馆牌一号香烟（Embassy Number One）的联想截然不同：

> 英格兰东南部的富人喜欢大使馆牌一号香烟，"本尼"吸烟者会选金边臣，因为这是一种下层阶级的香烟。
> *真的吗？*
> 是的，毫无疑问。
> *一号不是下层阶级的香烟……？*
> 不是啊，天哪，当然不是啊！我觉得它有那种"成功者"的形象，大使馆工作人员的形象。金色盒子的本尼有几分街头香烟的感觉。出租车司机抽的就是它们，甚至走在街上，你也能看到很多人在抽它们。不过，走进咖啡馆，你看到的会是万宝路淡味，走进酒吧，那些打台球的粗野橄榄球迷抽的都是红万宝路，还有一些性情古怪的人，抽着鲜为人知的香烟。
> *那丝卡香烟呢？谁吸丝卡香烟？*

偶尔吸烟者，社交吸烟者。

那学生吸什么烟呢？

这取决于他们从哪里来，要到哪里去。

这是什么意思？

偶尔吸烟者：毫无疑问是丝卡，不同颜色包装的丝卡。你知道的，他们会说，"哦，我正在努力戒烟呢"，结果一尝试了白丝卡，就……

白丝卡是最温和的，对吗？

对，对，或是黄丝卡之类，不同阶段有不同选择。如果是正在"完成"重要课题的人，有几分……"我要去统治世界"之感的人，还有经济学家之类的人，基本都会选大使馆牌香烟。"附庸风雅"之人，还有许多考古学家会选薄荷烟。学习英语或其他语言的学生，会选当下时髦的品牌。俱乐部里穿软皮及膝长靴和短裙的女孩们爱抽万宝路淡味。粗野狂热的橄榄球迷爱抽红万宝路。嘻哈爱好者会抽本尼。绝对是这样的。（克里斯，21岁，学生）

"一号"香烟和"过滤嘴"香烟都是大使馆牌，但上面这位受访者对"一号"的印象与安杰拉对"过滤嘴"的印象截然不同，他认为"一号"是富人的选择。这种强烈反差或许与许多吸烟者的看法一致，但也可能只是见仁见智，同一品牌可能让不同的人产生不同的联想。事实上，还有一些受访者认为，考古学的学生绝对不会吸薄荷烟，他们只爱手卷烟。同样地，另一位受访者指出，金边臣香烟也是富人之选，绝对不是什么"街头香烟"。值得注意的是，无论同一品牌在不同人心中的形象是否保持一致，这些受访者都很清楚，吸烟者所选的品牌本身也是他们社会身份的一种标志。

从我的研究中还可以明显看出，有些吸烟者在挑选香烟品牌时是非常务实的，考虑的因素包括价格和可得性。但也有一些吸烟者在意的是烟的长度、过滤嘴的类型，以及品牌本身宣传的单支香烟的焦油含量和尼古丁含量。这可能也是一种降低吸烟相关**风险**的策略。下面这位受访者讲述了他和他的朋友是如何选择香烟品牌的：

> 我其实是拿到了一份传单，上面列出了你能想到的所有香烟品牌，以及它们各自的焦油含量和尼古丁含量。我们把那些听上去"很光鲜"的品牌与那些看似最无害的品牌进行了对比……为了找到名声好且在焦油和尼古丁含量方面风险最小的品牌，我们真的是经过了深思熟虑。（西蒙，28岁，律师）

西蒙并没有欣然接受吸烟相关的风险，他为了在最低"风险"和最大"光鲜"之间找到折中之选，认真衡量了各个品牌的形象与其香烟中的焦油和尼古丁含量。这种做法与前文中的某些受访者形成了鲜明对比，那些受访者挑选香烟的标准就是"最烈的""最豪放的"。当然，也有许多受访者与西蒙的做法类似。不过，有一点特别有趣，这些受访者在挑选香烟品牌时，担心的并不是长期风险，而是一些直接的影响——如果选"错"了品牌，吸烟者可能会喉咙痛或口臭，或是得不到想要的效果：

> 我一开始吸的是非常温和的丝卡香烟，后来换成了金边臣。金边臣我吸了很长时间。后来，因为与马特［她的伴侣］重逢，我开始吸薄荷烟……这种烟的味道更清新，不是吗？也比金边臣要更温和一点。但我现在不喜欢吸正常香烟——它们的味道令人恶心。它们［薄荷烟］的味道就很好，吸薄荷烟的时候，就像在呼吸新鲜空气，而不是吸烟。吸完之后也不会口臭，至少我是没闻到。马特或许能闻到吧。（贝姬，23岁，牙医助理）

从上文中可以看出，个体对香烟品牌的偏好会变，对低焦油或过滤嘴香烟的偏好也会变，但非常有趣的是，你会再次发现，个体在烟草使用方面的这些改变并不只关乎健康，也关乎个人的口味和审美。

烟盒上来自政府的健康警示，以及许多旨在劝人们戒烟的健康宣传广告都体现了当代的主流观念：只要能让吸烟者了解吸烟的风险，就能增加他们戒烟的可能性。这种想法似乎默认了一点：如果能让吸烟者感到害怕，能用"铁的事实"震惊他们，就能劝阻他们继续吸烟。但正如我们所见，那些欣然接受吸烟风险的吸烟者不费吹灰之力就颠覆了这些观念。我的一些受访者就表示，似乎别人越是让他们戒烟，他们吸烟的欲望就**越强烈**。

> 如果我想吸烟了，我就会吸，无论是否需要我去室外——如果我是在别人家，我就会去室外吸烟。如果要去餐厅，我只会选择我知道可以在室内吸烟的餐厅。挑选航空公司时也一样。我只会搭乘我知道允许吸烟的航班，哪怕需要我坐到飞机后面去。公共汽车我是不坐的，我都自己开车。如果有人想搭我的车，他们就必须忍受我吸烟。如果有人来我家做客，我知道他们坚决反对吸烟，无法忍受他人吸烟，那我也不会让客人难受，我们（受访者及其丈夫）都不会吸烟。但这是**我的**房子，若是**我**想吸烟，我就会吸。重点在于**若是我想吸烟**。为了礼貌

待客，我是可以暂时不吸烟的——如果是为了朋友，我可以暂时不吸烟。不过，若是我想吸烟，我就会吸。越多人告诉我不该吸烟，我就吸得越多。这话真的毫不夸张。我有一种"我要做自己"的想法，若是我自己想吸烟，我就会去做。如果别人（我的朋友）不喜欢吸烟，我也不会在他们家里明目张胆地吸烟。你不得不尊重他们的想法，这是显而易见的。我的医生说，我不应该吸烟，因为我经历过两次心脏病发作，还有心绞痛的毛病。但做过两次心脏手术的我仍然在吸烟。我的观念基本就是，越是别人不让你做的事，越要去做——我就是这么做的。（布伦达，53岁，家庭主妇）

就这番话而言，该受访者可能是将吸烟视为了反抗的一种方式？或者更多是将吸烟视为了一种自由——个人的自由？该受访者其实还没说完，她继续说道："每个人都是独立的个体。我也是。我是一个坦率做自己的人，这一点你或许从我所说的话里就能听出。因此，我总是想做什么就做什么。想吸烟就吸烟。"不久之前，人们曾就个人是否应该拥有成为吸烟者或不吸烟者的"自由"争论不休，我们可以认为布伦达的观念与这些争论有关。正如第3章所述，随着"被动吸烟"概念的出现，这些争论开始越发占据主导地位。一位受访者明确指出了这两者之间的关联：

> 我认为人们应该拥有吸烟的权利；我知道有大量证据表明，被动吸烟很危险，但话说回来，危险的东西很多啊！走出去看看，这就是一个被污染的世界。我的意思是，你眼前这幅糟糕的景象，可比你高峰时段走在韦尔福德路上闻到的香烟烟雾危险多了。我就是觉得现在有点危言耸听了，我希望人们能够放轻松，稍微理性一点……
>
> *那你自己和其他人的态度对你的吸烟行为有过什么影响呢？*
>
> 啊，这［她高举起手里的香烟］很有趣，不是吗？你被禁止吸烟，反而让你下定决心要反抗这一制度，要吸烟。我最近一次坐飞机的经历就是个典型例子，航空公司没有提前让我做想不想吸烟的选择。我付钱买了机票，飞机座位上也有烟灰缸，因此，我自然而然地拿出了一支香烟。这时，乘务员走了过来，对我说："不好意思，该区域不能吸烟。"至于他们的座位上为什么有烟灰缸，他解释道："这是我们实施新政策之前装的，如果您想吸烟，可以挤到后排去，最后三排，那里可能还有空座。"这话

立刻激怒了我，我说："我花和其他人同样的钱买了机票，现在我就想舒舒服服地享受这次飞行。"他说，他会去后面看看有没有空座。他找到了一个被夹在中间的座位，我必须穿过两个人才能坐进去——我当然不愿意！我开始故意和那人作对！我在后续的约一个半小时里并没有再吸烟，但必须老实说，我后面还是点了烟。点烟时，我其实一直在观察那人离我多近。我会把烟雾吹开，让他看不出来。我就是因为被禁止吸烟，才更坚决地要吸烟。我不喜欢他告诉我不能吸烟时的说话方式，就像在说："天哪，你不能在这里吸烟，大家都会蔑视你的。"我觉得这只会更坚定你想要吸烟的心，让你更不在乎他人的想法。然后会产生某种不把别人放在眼里的情绪。所以，是的，我觉得我现在吸烟的决心远比以前更坚定了。（皮帕，35岁，母亲）

在"经常吸烟"阶段，受访者的**个性化**不仅体现在对吸烟的印象和联想上，对吸烟的合理化上，也体现在吸烟的实际效果上。这种效果差异巨大，取决于不同的因素：吸烟的环境；受访者吸烟之前的情绪；受访者对香烟效果的**期待**。正如一位受访者所言：

有时，它能帮你冷静下来；它能帮你离开——"朋友们，我出去吸根烟啊"；它也能帮你表达不以为然的态度。若是在深夜的酒吧，"我的眼睛都睁不开了""我要再来一支烟"：它能给你找点事做。它能让你的双手忙起来，避免你在那里咬手指。所以还是不一样的，我觉得这种时候吸烟更多是为了"在深夜极其疲倦时，让我振作精神"，而不是"我要去吸根烟，冷静一下"。（克里斯，21岁，学生）

另一受访者称，这是一个**稳定情绪**的过程：

是的。总的来说，我觉得它可能有几分稳定情绪的效果。当我早上昏昏欲睡、无精打采时，它能帮我提神，当我过度劳累、焦虑不安时，它能让我放松，所以说它有稳定情绪的效果。这也适用于我刚才所举的例子。我之所以想在夜总会里找点事做，显然是因为局促不安，吸烟能缓解我的局促；这就是吸烟对我的影响——除非我喝多了。（迈克，30岁，研究员）

有趣的是，上述两位受访者都认为，吸烟可以"给你找点事做"（其实还有许多受访者也提到了这一点）。

这是你在单调乏味、久坐不动的环境中，积极对抗无聊的一种方式，可能也是你在社交环境中，让自己显得不那么孤单的一种方式。也就是说，吸烟能让你看上去像是故意一个人站着，这就显得不那么孤单了，显得像是等会儿就会**加入到其他人的活动中去**。与第2章、第3章所述一致的是，这两个例子也反映了香烟对**情绪**的影响。从这两个例子中还可以明显看出，受访者都认为吸烟的效果会因社交场景的不同而异，也会因**烟草在各场景中的使用目的**而异：

> 比方说，我家里出了大事，我的一个孩子刚刚割伤了自己，我得赶紧把他送到皇家医院去。这时你的心情就是"哦，上帝啊"，而香烟可以让你打起精神来，提醒你：你必须处理好这件事，你得赶紧过来给医生打电话，然后把孩子送到医院去。从某种意义上说，这时候的这支烟，是为了在这次危机应对过程中给你注入能量，让你有活力行动起来。等两三个小时后，危机解除，再来一支烟，意味就不同了。这时，你会舒舒服服地坐着，点上跟刚才相同的香烟，"吁"地一声，松一口气。这支烟有种让人放松的效果。但你前后吸的两支烟完全一样，都是从同一个烟盒里拿出来的，不同的是，前面那

支激发了你的潜能，让你以 100 英里的时速赶到了医院，后面这支又让你重新冷静了下来。……你经常会想："我现在必须得来根烟。我必须得找个能吸烟的地方。"这并不是因为你内心真正渴望它，你只是感觉你欠了自己一支烟——你与你的香烟有个约会，你必须赴约。……你想用它来实现自己的目的……可能是目的"一"，也可能是目的"二"。（皮帕，35 岁，母亲）

上文展示了该受访者是如何通过各种方式，**主动体验香烟效果**的。同样有趣的是，有些吸烟者会通过**克制吸烟**来主动控制吸烟的效果：

我每天吸的第一支烟，提神效果非常好。以今天早上的第一支烟为例，我都以为已经中午 12 点了——它的提神效果真的非常好。第二支烟可能需要一定的克制，我知道，就算我还想再来一支烟，也不会是在距离上一支烟的十分钟内，否则我将无法享受吸烟的乐趣，这支烟将不会有任何提神作用。因此，我吸烟的时候会注意保持与第二支烟、第三支烟之间的间隔。比如，我想吸烟，但正好因为开会、要去酒吧等原因，刚刚吸了一支，那我可能会

先忍上半个小时，否则就无法享受到任何提神的效果。提神这个效果是非常重要的。（西戈，62岁，德国客座教授）

有趣的是，西戈认为，他必须先忍上足够长的时间，才能享受吸烟的乐趣。如果再次利用烟草使用的成瘾模型来分析，我们会发现，连续过量吸烟对西戈来说并非乐事，因此，他在这一阶段的吸烟乐趣似乎主要来自于对戒断反应的**缓解**。根据受访者的反馈，"经常吸烟"阶段的一大特征就是对特定吸烟效果的追求。下面这位受访者对这一过程的解释主要就是基于烟草使用的成瘾模型：

吸烟有特定的触发时刻。我每天早上醒来后做的第一件事就是拿烟，烟能让我……每天早上的第一支烟都会让我有点兴奋的感觉，这似乎也是全天最棒的那支烟。你的身体正处于长时间没有接触烟草的状态，突然来上一支，它就能"砰"地一下，将你的状态推上小高峰。然后你再淋浴、起床就很舒服了。香烟是有令人兴奋的效果的。（乔治，34岁，前科犯）

还有许多受访者称，他们睡醒后不会立刻吸烟。这些受访者似乎主动避开了乔治提到的那种体验。其中一人明确表示："如果早上吸烟，我会头晕目眩，我不喜欢这种感觉。我吸烟不是为了让自己头晕目眩。"在我的研究中，一些吸烟者需要在两个极端之间取得**平衡**，以达到自己想要的效果：

> 如果你已经有一小段时间没吸烟了，这时来上一支，会非常享受。但若是时隔很久再吸烟，你就会有几分钟的头晕目眩，这种感觉会提醒我，烟其实是个很毒的东西，毕竟会让你有点"噢……"，就是很不舒服的感觉。如果你本来就不太清醒，晕晕乎乎，那就更加难受了。时机真的很重要。……吸烟过量也同样糟糕，我觉得这种做法非常愚蠢，会让你吸到你压根就不需要的烟。你明明刚刚才吸过，为什么又来一支？事实可能只是有人走过来给你递了一支，虽然你不一定需要，但作为吸烟者，你还是接过来点上了。这事吧……我始终觉得："天哪！你为什么要这么做？你才刚刚摁灭一支烟。"这会让你走向我所说的"吸烟死"，这可不是什么好事情。如果吸烟已经让你有点犯恶心，有点不舒服了，那你"最好去吃点东西"。（皮帕，35岁，母亲）

从上述访谈内容中可以看出，吸烟者对烟草效果的控制是高度个性化的，以及这些控制技巧似乎也是需要**通过学习获得的**。你如果认为，烟草使用的本质就是独立个体被动接受明确药理作用的影响，那就想得太简单了。对于一些可能被视为药理作用的效果，吸烟者也可以对其施加很强的控制，具体方法包括延长戒断期，或者如其他受访者建议的，提高或降低吸烟的频率以及控制吸入烟雾的深度。不仅如此，在这些过程中，吸烟者对烟草使用的理解和预期也会深刻**影响他们的烟草使用体验**。正如一位受访者所言："我觉得，我不觉得这种生理反应，这种吸烟带来的生理'刺激'是明确且毋庸置疑的。我完全不这么认为。你可以从很多不同的角度来看待它，不同的情绪和感受都会影响你的体验。"（里克，51岁，高级讲师）

关于"经常吸烟"阶段，受访者再次强调了一个我们已经非常熟悉的主题：吸烟者在这一阶段会经历两种转变，一是**对烟草效果的控制力不断增强**，二是**越来越多地将烟草用作一种自我控制的手段**。如上文所见，我的受访者有一个最重要的共识：吸烟可以缓解压力。虽然对于这些受访者来说，缓解压力这一作用是从他们进入"经常吸烟"阶段才开始逐渐占据主导地位的，但他们中的一些人似乎早在自己亲身体验烟草**之前**，就已经树立了吸烟可缓解压力的观念。以下面这两位受访者为例：

> 我当时被关在一个叫格伦登的地方。那里并不是什么"精神病院"，而是一所提供精神治疗的社区监狱。在那里，几乎人人都吸手卷烟。我当时在健身，会做许多举重之类的训练，所以，对于吸烟这件事吧，我不仅是讨厌它的气味，也觉得它对人有害。……有一次，在集体心理治疗的过程中，我遭到了其他组员的连续攻击，这给我造成了巨大的压力。我忘记他们具体攻击的点是什么了，只记得自己被气得冲出了房间，有个人追了过来，试图让我冷静。他给了我一支烟。……事实上，曾有人提议，禁止在集体治疗的过程中吸烟，他们认为吸烟是一种"回避的方法"，你知道的，吸烟有助于缓解压力，这样治疗就不起作用了。但由于人们一直坚持吸烟，这项提议从未成功通过。（乔治，34岁，前科犯）

> 你第一次吸烟是在什么时候？

> 是在……以色列海关真的有点狡猾，那次，我们乘坐的是包机，他们却让以色列人单独进行安全检查，检查我们时则十分恶劣。他们不理解为什么

两个没有血缘关系的女孩会一起出门旅行，他们也不理解为什么我的父亲在以色列，我的母亲却在英国。诸如此类。他们对我俩真的都很不友好，我们检查完出来时，都已心力交瘁。一进入候机厅，我们就直奔"香烟！"去了，我也不知道是为什么，毕竟我们当时都不吸烟。这就是我吸烟的开始。（亚历克斯，25岁，私人助理）

我举这些例子是想说明，有关烟草使用的主导观念会有力强化吸烟行为与压力缓解之间的关联，最终影响吸烟者对吸烟效果的追求，尤其是正处于"经常吸烟"阶段的吸烟者。不过，下面这位吸烟者曾经质疑过吸烟与压力之间关联的**方向性**，他认为，与其说吸烟是一种应对压力的有效手段，不如说是一种表明自己正"倍感压力""焦虑不安"的信号。

我二三十岁的时候会用香烟来排遣压力，所以，我想，我也是从那个时候开始感受到压力的吧；我开始将香烟与压力联系到一起，但每当我坐在那里吸烟时，我脑子里想的都是："上帝呀，我现在一定很焦虑，才会吸烟吸个不停！"因此，我开始质疑吸烟是否真的能帮人减压。（里克，51岁，高级讲师）

吸烟者确实对自己的烟草使用行为有一定的控制力，特别是在决定烟草的使用效果方面，但这并不意味着，吸烟是**唯意志论的**，是你可以自由选择的。换言之，这并不是在否认许多吸烟者有吸烟**冲动**的事实。

　　恰恰相反，这些观念就是建立在烟草使用有**相互依赖循环**的基础之上，**这种循环会建立一种比个人意志更令人难以抗拒的秩序**。为了更清楚地解释我为什么选择了相互依赖循环，而非尼古丁依赖或烟草成瘾等概念，我将先探讨一下受访者对**瘾**一词的理解。下一步再探究受访者的戒烟体验。

吸烟成瘾

　　为了探究受访者对"有烟瘾者"的理解，我们将再次从词典的定义着手，在词典中，瘾这个词的定义为："瘾，名词：对某种习惯的非正常依赖状态，尤指对各种麻醉药品的强迫性依赖"（*Collins English Dictionary* 1991：17）。与**吸烟者**那个例子一样的是，受访者对**瘾**一词的理解似乎与该词典的定义高度一致。比如：

> *你吸烟成瘾了吗？若是，那你是何时上瘾的呢？*
> *是的，我现在肯定是有烟瘾的。但是从什么时*

候开始的，我也不知道，可能是我 17 岁左右学车那会儿吧，那是我印象最深的时候。我觉得那时的我已经有瘾了。如果我那时想戒烟，应该已经非常困难了……我吸烟成瘾很久了，我个人觉得，我在上瘾之后，这个烟瘾的程度就没再变过了，但刚开始肯定有个发展过程。我也有过没需求但仍然吸烟的时候，但当时就算没吸，也不会对我有什么影响，你可能会将我的这一阶段称之为完全上瘾前的初始曲线阶段。但可以肯定的是，我的烟瘾在最近这些年里一直很稳定。（西蒙，28 岁，律师）

如果你已经吸烟成瘾，那你觉得你是何时上瘾的呢？

哦，我也不知道。我只是在自己第一次尝试戒烟但戒烟失败时意识到了这一点。那是一个冬天，我待在家里，必须等到凌晨 2 点才能抽一天中的第一支烟。那天夜里寒冷刺骨、狂风呼啸，但为了克制自己，我不得不将身子探出窗外。我想着："哎呀，如果我都要做到这种地步了，那我一定是上瘾了。"（安妮塔，22 岁，酒吧工作人员）

上述回复在我的研究中颇具代表性，许多受访者都有类似观点。从中可以看出，"有烟瘾者"的一个根本特征就是，存在违背自身意愿吸烟的情况。简言之，这些对"瘾"的理解似乎包含了这样一种观点：吸烟者会被许多效力强大的过程所控制，他们吸烟的原因不再像过去那样是以自己**想要**为主，而是以**不得不**为主。人们认为，已上瘾的一大标志就是再也无法"放弃"——我们很快会探讨到这一点。另一大标志正如上文中安妮塔所言，"有烟瘾者"愿意为吸烟付出巨大努力。此外，第一位受访者西蒙提到，"我也有过没需求但仍然吸烟的时候，但当时就算没吸，也不会对我有什么影响"，这一点也十分耐人寻味。其中似乎包含了一种观点：上瘾后，吸烟行为会变成半自动化的，它的运作仿佛无须经过吸烟者的思考。

我访谈时的一大核心议程就是弄清楚受访者是如何**感受到**吸烟冲动的。我会让受访者描述他们在这一过程中的"感受"，也得到了一些非常有趣的回复：

> 是的，我的意思是，我也不知道这种欲望是生理上的还是心理上的，但你就是会产生强烈的吸烟欲望，而且，你若知道自己不能吸烟，反而会让这种欲望更加强烈。我私下里经常说，唯一一件比光有打火机、没有香烟更糟糕的事情就是，光有香烟、没有打火机！你都离吸到烟那么近了，却没办法点

燃它，这只会加剧你对吸烟的渴望。我觉得，我可能不吸烟也行，就算我手里没有香烟或这之类的东西，我也不会死，不会疯。但脑子里肯定会想……你知道自己不能拥有它，而这个事实只会让你想要它的欲望越来越强。

你能否给不吸烟的人描述一下，这种"欲望"到底是什么样的——是想要一支烟、渴望一支烟还是需要一支烟？这种欲望发生在什么层面上呢？

这个嘛，你确实会产生一种"渴望"，从这个意义上说，生理层面的作用是肯定有的。这种渴望还可能存在外在的表现形式，你可能会生气、紧张、恼火，你的容忍阈值会变得非常低。我不知道这里是不是有心理上的原因。我的意思是，我自己不会因此而发抖，但我知道有人会。我觉得，从某种意义上来说，你会**沉迷**于吸烟这一简单的动作，你会觉得，若是不能来支烟，自己就什么事都做不好。为了让自己在做其他事情时发挥出正常水平，先来支烟是绝对**必要的**。从心理学角度来看，这是精神凌驾于物质之上，你的大脑已经完全支配了你，它告诉你，你必须要来支烟，吸烟是件很好的事，会让你倍感满足。但事实可能并非如此，不吸烟你也可能做得很好。但我敢肯定，你的大脑会跟你开更大的玩笑。我认识的一些人也曾试图戒烟，但在坚持了两三个星期之后，他们的情况比刚开始戒烟时更糟了，尽管他们的身体已不再渴望吸烟，但他们的大脑成了真正令他们担心的源泉，每当看到别人吸烟，他们的大脑就会想："天哪，我也想来一支，我必须得来一支。"若能点燃一支烟，将获得一种巨大的**解脱**。

所以，要给从不吸烟的人形容的话，这就是一种痴迷：我认为，你只是着魔般地相信着，你吸烟后的表现会比不吸烟时更好。……它是你的朋友，你的哥们儿，你不能……你需要见到这个朋友，就这么简单，它已经成为了你生活中非常重要的一部分，它不在，你就会特别思念。（皮帕，35 岁，母亲）

对皮帕来说，对香烟的"渴望"就像是一种专注，一种**痴迷**，而且在经历了一段时间的**节制**，终于吸上那口烟时，会有一种解脱。不过，她提到了非常重要的一点，**意识到**自己**不能**吸烟（或许是因为带了打火机却没带香烟，又或者是只带了香烟却没有打火机）似乎会大大**加剧**对吸烟的那份痴迷。从皮帕和其他许多受访者的回复中均可看出，他们认为吸烟**冲动**的核心就是一种**有**

意识的被剥夺感。皮帕还有一个更有趣的观点，她说，烟草"是你的朋友，你的哥们儿……你需要见到这个朋友"。似乎依赖的概念对她有了**双重**含义。一方面，她承认自己有烟瘾。这时的依赖带有"被奴役""无力反抗"之类的含义。但另一方面，这份**依赖**对皮帕来说似乎意味着烟草是可以**依靠**的对象。换言之，"**它会一直在那里陪着我**"（而不是"我"陪着"它"）；它是一种稳定和安全感的来源——更好的说法或许是，一种**情绪资源**。

为了便于理解皮帕为何会对烟草产生这样的**联想**，我们来看看她是为何开始吸烟的：那时的她十几岁，正是反抗父母控制的年纪，她想用对烟草的情绪依赖替代对父母的情绪依赖，从而获得**独立**。她认为吸烟有助于控制情绪、加深自己与另一群体之间的关联。对她来说，吸烟是向成年人的过渡，是帮助她在成人世界中获得认可、获得应对能力的一种资源。皮帕将烟草的使用视为**资源**，对她来说，这一资源有诸多用途，可以帮助她更顺利地完成重要人生节点之间的过渡，也可以帮助她应对压力事件，可以用作她表现很好时的奖励，也可以用作她焦虑时的安慰。知道这些，你就不会奇怪于她将吸烟视为"生活中非常重要的一部分"了。换言之，她对烟草的使用、理解（正如我们所见，她的理解与更广泛的烟草使用观念密切相关）和体验，一直在强化她将烟草使用视为**情绪资源**的观念。因此，对皮帕来说，被"禁止"使用烟草几乎无异于被剥夺了自己生活中的一个核心组成部分。

对吸烟冲动影响最大的似乎是烟草使用与各种不同过程之间的**关联**：

> 它是我个人身份的组成部分，且占比非常大，我很清楚这一点，我也很清楚这将大大增加我的"放弃"难度。我觉得我算吸烟者，我已经吸烟好多年了。我其实非常害怕失去吸烟者这个身份。从某种程度上来说，我并不想成为不吸烟者。那感觉都不像我了。（安杰拉，26岁，研究生研究员）

对安杰拉来说，烟草使用是"我"的一个核心组成部分。吸烟冲动与烟草使用的仪式感之间可能也存在部分关联：

> 好吧，吸烟明显是会上瘾的。我吸了这么久的烟，明显是有瘾的。但我不认为自己是尼古丁成瘾，就我个人而言，那些用于缓解尼古丁欲望的奇怪口香糖和奇怪贴片都非常垃圾。

为什么垃圾？

*因为它们无法……但凡能对自己说出"让我们去帮吸烟者戒烟吧"的人，都没有吸过烟。我非常确信这一点，因为烟瘾的核心与其说是尼古丁，不如说是使用香烟的行为。……你使用香烟的行为本身就是一种自我放松。若换成贴片或口香糖（反正这种口香糖的味道令人作呕），虽然有可能满足你的生理需求，但你其实感觉不到满足，使用它们根本无法消除你想将香烟放入口中猛吸的**欲望**。我觉得，许多吸烟者真正喜欢的其实是吸烟这个行为。真正的香烟可能产生的烟雾会更多，而你喜欢看到烟雾的存在。……吸烟行为，将香烟放入口中猛吸的行为本身，可能比其他的一切都更重要。前面说过，吸低焦油香烟就像猛吸新鲜空气一样，但就算如此，这种香烟仍然可以让你满足……因为它仍然会让你做出吸烟的**动作**。*（皮帕，35岁，母亲）

皮帕似乎认为，吸烟的**欲望**并不仅仅发生在生理层面；真实的过程远比这个复杂。我的研究发现，对不吸香烟的烟草使用者来说，吸烟的仪式感似乎格外重要。比如，一些喜欢手卷烟的吸烟者称，他们非常享受亲手卷烟的整个过程，享受主动创造自己所用之物的整个过程[1]。

因此，"瘾"或许可以解释某些具体的体验，但并不足以作为模型帮助我们理解所有的吸烟体验。我的论点是，我们现在所说的成瘾过程远不止一种简单的单向依赖。这一成瘾过程至少部分依赖于某些观念的持续强化，这些观念可能是将烟草的使用视为一种情绪资源、一种心理工具或者诸如此类。为了更清楚地阐述这一论点，我将接着探讨受访者在"停止吸烟"阶段的体验。

停止吸烟

让我们先来看看下面这段访谈记录：

戒烟之初有遇到困难吗？

当然。

什么困难呢？

我把这事想得太可怕了，我的意思是……我当

---

[1] 但我并没有否认生理作用的存在。若只根据吸烟相关活动和仪式来理解吸烟的吸引力，那肯定会出现很多问题。这类有局限性的观念无法解释人们吸食的为什么是烟草，而不是其他植物的叶片。

时确实产生了一个念头，试想一下……比如说，明天是你戒烟的第一天。你早餐时不能吸烟，到这里就已经糟透了，然后，你喝咖啡的时候，吃午餐的时候，也都不能吸烟。我在真正开始戒烟之前，总以为这种影响是会累加的，会让你越来越难受。再坚持一段时间，比如两周之后，你就会彻底疯掉。但事实并非如此。你可以忍过想吸烟的那段时间。当你吃完早餐想来支烟的时候，你可以直接起身出门。这一波渴望会过去，但下一波渴望还会来袭。这个过程让我非常意外，但也让我心烦意乱——在我每天想吸烟的时段。我觉得，让我产生渴望的是我的念头，我会想着，我再也体会不到那种舒适感了，这种念头一旦产生，很难克服。你只能一天天地忍受着，这一点千真万确，一旦你开始想"我再也体会不到那种舒适或放松的感觉了"，你就会再次吸起烟来。至少在我身上是这样的。

所以最难做到的事情就是让自己的脑子不要总想着没有香烟这件事，总想着自己后半辈子都无法再拥有它的这件事？

是的，就是这样。

你在什么情况下可能产生"我现在就想吸烟"的念头？什么情况，什么时候……怎么发生的？

正如我刚才所言，每顿饭的时候，早餐是肯定的。每顿饭后都是我非常渴望吸烟的时候。还有就是社交场合。在刚开始戒烟的六周里，我没有出门娱乐或应酬，所以也就不存在这种情况。我也没什么真正的压力，我在家除了运动，也没有什么事要做。但在那之后，我又开始出门了，而社交场合肯定会诱发"想吸烟"的念头，尤其是跟要吸烟的人在一起时。如果和要吸烟的朋友坐在酒吧里喝酒，我会疯的。这是最难控制的事情。奇怪的是，如果我告诉自己，"我得忍住，不然就前功尽弃了"，那我会煎熬一整晚，一整晚都被欲望折磨。然后，你就会想："我未来还是得出门的，每次出门都会这样。"而这个念头会让你屈服于自己的欲望。（西蒙，28岁，律师）

对西蒙来说，他最强烈的吸烟**冲动**似乎来自于他对烟草使用的**有意识关联**。西蒙将烟草使用与一天中的特定时间段和特定活动明确关联了起来。他指出，在这些活动中或时间段内，他对烟草的渴望会变得格外强烈。此外，他认为，最终让他重新成为经常吸烟者的是**恐惧**，他害怕自己再也**无法**吸烟，也害怕自己对烟草的强烈渴望会始终存在，害怕自己永远无法**忘记**烟草使用这种资源与特定时间段和活动之间的**关联**。这或许有助于解释，为什么一些受访者认为即便自己戒了烟，也始终是吸烟者。他们觉得，哪怕自己停止了吸烟这种行为，也无法改变他们**作为吸烟者的身份**：

> 我觉得，无论我吸烟与否，我吸烟者的身份都不会改变。我觉得我对吸烟的热爱这辈子都不会消失。
>
> 为什么呢？
>
> 因为无论我未来吸烟与否，我**想要吸烟的欲望**将始终存在。无论我是否还"强烈渴望它"，无论我是否已经熬过了戒烟这个阶段……事实上我已经克服了这份强烈的渴望，也已经熬过了这一阶段，但我觉得，想吸烟的念头将始终存在。（蕾切尔，21 岁，研究员）
>
> 我迟迟不想戒烟的原因在于，烟鬼和酒鬼很像：一旦上瘾，你迟早会重新开始。这是一种非常消极的态度，但我总是想吸烟，所以戒烟毫无意义。（阿德里安，22 岁，无业）

从上述访谈内容中能明显看出，这两位受访者都认为，自己的"瘾"将始终存在，戒烟也就没什么意义了。好像他们此刻吸烟都是**因为**"瘾"的存在——这种观念几乎成了一种同义反复（如果我们接受烟草使用者对这些术语的定义的话）。这里想说的是，这种同义反复表明，"瘾"这种**相互依赖循环**中存在一定程度的"自证预言"效应。这些受访者，尤其是阿德里安，似乎给自己贴上了"吸烟成瘾者"的标签；好像他们自己再也不用为自己的烟草使用行为负责了一样。他们认为自己只是无力反抗的依赖者，驱使他们的是对烟草的**非自愿**需求。简言之：他们已经**内化**了对"瘾"和单向依赖的普遍理解；一些吸烟者在试图戒烟时，会产生强大到几乎难以抗拒的吸烟冲动，这种经历会强化并有力印证他们的这些理解。当这些吸烟者将自己视为无力反抗的依赖者，认为自己在这个几乎**全自动**的过程中发挥不了任何作用时，他们就会放任自己继续吸烟。换言之，他们上瘾了，所以成为了吸烟者，但他们之所以上瘾，又是因为他们一直不肯放弃吸烟者的身份。

但或许事与愿违，他们其实在自身烟瘾的形成与维持过程中发挥了非常**主动**的作用。重要的是，对吸烟者来说，停止吸烟是对他们烟草使用权的终极**剥夺**。如果继续按照前文所探讨的观念来看，在这一阶段，他们对烟草的强烈渴望可能是**最复杂的**。有一位受访者提到，他有过好几天不吸烟的经历，但当他真正开始全力戒烟时，他却最多只能坚持几个小时。与此相关的一个悖论是，一些受访者认为吸烟是一种个人自由，但又觉得自己再也没有成为不吸烟者的自由了。受访者明显察觉到成为不吸烟者与成为吸烟者之间的某种差异：

> *你觉得自己现在算不吸烟者吗？*
>
> 不，我觉得自己是已戒烟者。吸烟始终是你的失败条款，不是吗？吸烟像是在帮你告诉其他人："你们知道的，我也只是个普通人，我也会失败。"你明白我的意思吗？无论你是一名多么专业的护士，一名多么优秀的学生，无论你在处理他人交代的事件时有多出色，吸烟都始终是你的失败条款。……如果我说，"不，我是不吸烟者"，那就会将自己置于注定失败的境地，不是吗？如果我说，我是已戒烟者，那还有希望成为一名改过自新的吸烟者。（米歇尔，38岁，学者）

这类观点似乎认为：吸烟者不应该对自己说，我可以**永远**不复吸，这几乎等于在鼓励失败。我问过另一名受访者，成为不吸烟者意味着什么：

> 最简单的答案就是永远不想吸烟。但我觉得这可能有点理想化。我无法想象自己能够**再也**不想吸

烟。我之前有过戒烟成功的经历，坚持了四或五个月，但在一次个人创伤后，我复吸了，创伤当下我是真的想吸得要死！在那之前，我已经差不多五个月没吸烟了，也觉得自己可以算是不吸烟者了，但就算在这一阶段，我也还是会偶尔想要来上一支，所以我觉得，能说出永远**不想**吸烟这话的人有点天真。而作为不吸烟者，我觉得就只是不将吸烟视为日常生活的一部分。总的来说，我认为，如果我是不吸烟者，那其他人是否吸烟对我就不会产生任何影响。但对现在的我来说，还是有影响的，这会让我意识到自己此刻没有吸烟。等我到了那种阶段，等我可能连旁边的人在吸烟都注意不到时……我才算是不吸烟者吧？（迈克，30岁，研究员）

显然，成为不吸烟者意味着，你不会再总想着吸烟，不会再把压力事件与吸烟关联起来。而迈克没有做到，所以压力性的"个人创伤"让他复吸了。

许多曾戒过烟的受访者都表示，戒烟时的感觉就像是失去了一部分的"自己"。这可能再次表明，吸烟已经成为受访者身份的核心组成部分，或者一直是他们在利用的一种情绪资源。一些受访者害怕自己会用食品**填补**失去烟草后的这种"空虚"；事实上，这种担忧成为了促使他们复吸的主要因素。正如一名受访者所言：

老实说，我或许应该承认，我不想戒烟的原因之一是，有许多人告诉我，你一旦开始戒烟，就会吃很多，而我不想变胖。我不想开始猛吃巧克力之类的东西，我很担心自己会用食物替代香烟。（史蒂夫，21岁，职员）

其他受访者则是更害怕自己会失去一种**控制体重**的重要手段。虽然男、女受访者中都有人持有这一观点，但值得强调的是，正如第3章所述，这一主题在20世纪的女性中占据着尤其重要的地位。

同样值得强调的是，我并不认为**所有**吸烟者都会以**完全相同**的方式逐一经历我所说的几大阶段：开始吸烟、继续吸烟、经常吸烟、吸烟成瘾和停止吸烟。我只是想说，虽然在我的研究中，受访者对烟草使用的理解和体验呈现出了多样性，但他们都认为自己至少经历过上述的某些阶段性变化。有些人的状态更接近吸烟的前期阶段，比如，仍以社交吸烟为主。另一些人则进入了更后期的阶段。不过，我在本章（及贯穿本书的）的核心目标一直都是，研究这些变化的总体发展**方向**。正如本章引言所述，个人层面的这一方向与烟草使用在西方的长期发展方向是一致的，在一定程度上可以说是其缩影。下一章，在对全书内容进行总结时，也将检验这一观察结果到底是不是一种巧合。

结　论

第 4 章指出，受访者们成为吸烟者的过程与西方烟草使用的长期发展遵循着非常相似的变化路径，至于个中原因，有许多种可以考虑的可能性。我将先探究一些看似合理的解释，然后再继续探讨全书论点可能产生的政策影响与实用影响。

文明化

文明化进程既会影响个人的烟草使用发展，也会影响西方长期、宏观的烟草使用发展，因此，这很可能就是二者变化路径相似的原因。让我们再回顾一下诺贝特·埃利亚斯的论点：

> 个人也要遵循某种"影响社会发展进程的基本准则"，因此，社会在漫长历史中经历过的一些过程还会在个人短暂的人生中重演。……这话的意思并

不是说，社会历史中的所有阶段都会在文明人的人生中重演。最荒谬之事莫过于在个体的人生历程中寻找"封建农耕时代""文艺复兴时期"或"宫廷专制时代"。所有这类概念指的都是整个社会群体的结构。

这里必须指出一个简单的事实：即使是在文明社会，也没有任何一个人是天生有教养的，他们都必须经历个体的文明化过程，这个过程取决于社会的文明化过程。在我们的社会中，每个人都是自出生的那一刻起，就开始接受文明成年人的影响和塑造干预，要达到历经多年形成的社会标准，必须经历这一文明化的过程，而非逐一经历社会文明化进程的全部阶段。（Elias 2000: xi）

请允许我再详细说明一下：从第 4 章的访谈内容可知，烟草的使用是一个非常重要的**过渡**标志，通常标志着从童年到成年的过渡 [1]。过渡过程中，烟草的使用方式也会发生改变。尤其是在开始吸烟的"阶段"，烟草的使用主要服务于社交——用以表达自己归属于某一特定的

---

[1] 当然，正如前文所述，烟草的使用也可以用作其他身份过渡的标志。

社会群体，也经常被用作反抗父母或整个社会的一种手段。这有点类似于西方 17 世纪的**礼俗式**吸烟社会，在这样的社会中，烟草的使用标志着善于交际，也标志着对宗教法令、道德论述和医学观点的反抗。

不过，随着受访者逐渐成年，逐渐进入各种社交圈，他们所需遵守的行为要求开始越来越多样化，这也推动了烟草使用目的的多样化，不再局限于社交"功能"。人生的转变让他们肩头的责任越来越多，压力或许也随之越来越大，然后，在主流烟草使用观念的影响下，他们也开始利用吸烟来对抗压力。简言之，受访者对**情绪独立**的需求越来越大。一些受访者甚至直接言明，吸烟标志着自己对父母不再**情绪依赖**，你也可以理解为，他们对烟草的**情绪依赖**正在与日俱增。

进入另一重要阶段后，受访者的烟草使用似乎开始与工作有关，这里既包括带薪工作，也包括无薪工作[1]。比如，受访者开始越来越多地将烟草用作对抗压力的松弛剂；用作对抗痛苦的安慰剂；用作对抗无聊（或许来自重复性的工作）的兴奋剂；用作激发行动的增能剂。正如前文所述，烟草的这些功能可能与其宏观发展过程中的特定阶段相符，也就是接近 19 世纪末、20 世纪初的

---

[1] 我将家务和育儿都包含在内。

那个阶段，当时，人们开始将烟草的使用视为补充活动，视为心理工具，这种观念也逐渐占据了支配地位，尤其是在香烟成为广受欢迎的烟草使用形式之后。

自这一阶段开始，受访者越来越倾向于独自吸烟。许多受访者开始越来越看重烟草的偏心理功能而非偏社交功能。这一转变促进了烟草使用策略的多样化，进而促进了烟草效果的日益**个性化**。在烟草使用的长期发展历程中，有一个距今非常近的阶段也是以**个性化**日渐占据主导地位为特征的，这二者之间是一致的。

最后，在进入烟草使用的高级阶段后，许多受访者开始对吸烟有了非常负面的看法，认为吸烟是瘾，是一种生理依赖：会让人频繁、持续、冲动地吸烟。与这一阶段基本一致的是西方烟草使用发展历程中距今较近的**法理式**吸烟社会阶段。最有趣的是，一些受访者指出，他们在这个阶段的烟草使用甚至不再是有意识的；吸烟几乎成了一种已内化、不经思考的自动行为。

从个人层面的一般性烟草使用模型来看，吸烟者会日渐频繁地使用烟草，会日渐频繁地将烟草用作**自我控制的手段**：以维持稳定、进行自我调节，然后进一步内化烟草可用于自我控制的观念。正如前文所述，这些过程的发展方向与西方烟草使用的长期发展方向一致，也与**文明化**进程的发展方向基本一致。埃利亚斯认为，对控制的日益**内化**标志着文明化进程进入了一个相对高级的阶段。不过，烟草的使用方式越来越**受控**并不意味着烟草使用者**控制**"瘾"的能力更强了，正如文明社会成员自我控制水平的上升并不意味着个体对社会的**控制能力**更强了。事实上，情况往往恰恰相反。

越来越反烟

烟草使用的"宏观"发展与"微观"发展体现出了方向的一致性，而这可能还有另一种原因：许多受访者都身处在一个**越来越反烟**的大环境中。以下面这位受访者为例：

> 我的意思是，我认为吸烟者会感觉自己像是社会弃儿。如今，各式各样的人（陌生人！）都觉得自己有权走到吸烟者面前去说三道四……甚至是在仍然允许吸烟的公共场合。我有两次在看足球赛时被人抱怨吸烟斗的经历；还有一次是在候机厅，有人走到我面前……其实也不是真的当面，就是在我附近大声抱怨："呸，真恶心！"但我明明是在**吸烟区**。这种情况也可能发生在餐厅，但不会出现在我刚开始吸烟的［20 世纪］五六十年代，那时是允许

人们在餐厅吸烟的，这还是一种主流的行为模式。
（德里克，59岁，大学教授）

从上面这段访谈记录中可以看出，一些受访者感受到了越来越大的压力，这些压力要求他们**管控**自己的吸烟行为。我们也可以认为，这些变化与两种日渐占据主导地位的观念有关，一是对**被动吸烟**效应的理解（以及对被动吸烟概念的普遍认同），二是（存在更久的）将吸烟视为瘾的观念。以下面这位受访者的回答为例：

你觉得自己属于哪种吸烟者？

有烟瘾的那种。我其实真的没有……这与其他任何人无关，纯粹是我自己的问题。我现在其实属于勉强吸烟者，就是想要戒烟，也会因自己的吸烟行为而由衷地感到**尴尬**。我真不觉得吸烟是我该有的行为——你要知道，我喜欢运动，也努力想要照顾好自己，让自己成为一个健康的人，但却在做着像吸烟这样伤害身体的事，真是太荒谬、太可笑了。这与我眼中的自己完全不符。（西蒙，28岁，律师；本书作者增加了强调）

对这位受访者来说，吸烟几乎是件**羞耻**之事。他认为自己使用烟草的行为"伤害身体，太荒谬、太可笑"。在他看来，这是**不智**之举，是他明知不应为却为之事。也许正是这种羞耻感或尴尬感促使他越来越多地选择**自己独自**私下吸烟[1]。这似乎与烟草使用发展历程中的一些普遍性改变相符，比如，禁烟公共场所的日渐增多。吸烟行为开始逐渐被推到了公共生活的幕后。

习惯化

另一种可能的解释是**习惯化**。这个术语在这里指的是**习性**[2]**养成**的过程。下面这段访谈有助于阐明这一概念：

---

[1] 一些受访者表示，他们独自吸烟增多的本质原因在于，自己离家开始了独立生活，脱离了父母的控制范围。不过，最有趣的是，在我采访的学生中，有一些是从上大学，也就是首次离开父母后才开始吸烟的，但他们也不是一开始就独自吸烟，总还是要过一段时间。因此，若试图用单一"原因"来解释这种行为模式，就太过简化了，毕竟所有受访者都普遍存在向独自吸烟的转变。

[2] 这里的**习性**（habitus）一词标志着个体"第二天性"的养成，同时包含生理、心理和社会三个维度，实际是指这些维度之间的"铰链"：比如，社会"印记"在生理维度上的持久影响——从脸上的笑纹或右撇子的习惯，到战争创伤对退伍军人大脑结构的影响。本节将通过应用来进一步解释这一概念。

吸烟能帮你集中注意力吗，比如，在你做作业的时候？

　　当然不能呀！它会让我头昏脑涨。那感觉就像……就像有人在你脑子里喊"吁"！你说这怎么可能有助于集中注意力呢？（马克，14岁，学生）

　　这位受访者是吸烟新手，会因吸烟而"头昏脑涨"。按他的理解，吸烟显然不可能有助于注意力的集中。从生物药理学的角度来看，他的情况可以用对烟草的**耐受性**来解释。克罗（1991：82）对耐受性的解释是：

　　大多数戒瘾理论中都贯穿着一条相同的主线，人的身体追求的是稳定，即保持现状，因此，在被药物慢慢推向一个新的方向时，它会为了保持不变而自我调整。这很像是一栋房子，当一月的风将它推向寒冷时，室内的恒温调节器就会运转起来，抵御这一外部影响，让室内温度保持不变。从某种意义上说，人体也拥有众多的小型恒温调节器，用以抵御外来药物的影响。药理学上将这种现象称为**耐受性**，通常都是对人有益的，但生理学对耐受性的解释略有不同。药理学上的耐受性意味着，为让药物发挥相同**效用**，必须逐渐增加用量。海洛因的用量变化就是一个典型例证：刚开始接触海洛因的人只需摄入一点就能获得非常强的快感；渐渐地，只有大量摄入才能带给他们同等水平的快感；再往后，光是为了延缓戒断反应，就必须用到比过去更大的量了。……尼古丁有自己独特的耐受性表现，但正如我们所料，它的耐受性比阿片类药物的更不易察觉。它最有名的耐受性例子是，儿童一旦开始吸烟，最初的恶心感并不会**一直**存在。不过，尼古丁耐受性的表现不止于此。吸烟者虽然自己察觉不到，但他们代谢尼古丁及其他药物的速度确实比不吸烟者更快。……此外，还有一种短期耐受性被称为快速抗药反应，它伴随着每一天的吸烟行为……每天的头几支烟会令吸烟者的脉搏加快，后面的就无法再进一步加快脉搏了。（Krogh 1991：82；本书作者添加了强调）

从这个角度就能理解马克的吸烟体验了。他对烟草的**耐受性**还不够高。克罗似乎为我们提供了一个自然模型，适用于烟草使用在个人层面的各个发展阶段，以及可能更有意思的是，适用于其在社会层面的各个发展阶段。（将上面那个海洛因成瘾的例子稍做调整，）在**习惯化**过程之初，烟草使用者对烟草还非常**不习惯**，少量使用就能产生非常显著的效果，令他们十分"亢奋"。烟草在这一阶段的效果与其说是帮忙维持控制，不如说是令人失去控制。若要在烟草使用长期、宏观的发展历程中找到对等，或许就是美洲原住民了。不过，随着吸烟过程的继续，使用者将需要通过更频繁地吸烟，也许还有更深地吸入烟雾，才能获得与过去差不多的效果。这种现象似乎与受访者们的描述一致。根据克罗的模型，这一过程发展到最后，吸烟者就只剩下一个吸烟目的了："延缓戒断反应"的出现。他们之所以吸烟，只是为了恢复正常。到了这一步，烟草被用于自我控制或稳定情绪的情况将远多于用于失控的情况，前文已经论证过，这也是西方烟草使用发展历程中距今较近的一个阶段的特征。克罗提出的这一"通过吸烟延缓戒断反应"阶段似乎也与吸烟者经历的较高级发展阶段相符，尤其是"吸烟成瘾"阶段。正处于这一阶段的受访者明确指出，他们吸烟的主要原因[1]是**自己已经有烟瘾了**。最有趣的是，这一相对高级的阶段似乎并不适用于美洲原住民。正如卡鲁克人的例子所示，他们使用烟草的主要目的绝非"恢复正常"。因此，烟草使用在漫长历史中的发展方向与在

---

[1] 如前所述，一些受访者认为吸烟行为在这一阶段已不再"理性"，几乎是"自动的"了。

受访者短暂人生中的发展方向之所以相似，可能是因为二者都在经历**药理作用的递减**（就个人而言，随着吸烟者耐受性的不断增强，烟草对身体的药理作用将会不断削弱）。

不过，有一个问题是克罗模型无法准确解释的：为什么在西方烟草使用的漫长发展历程中，对更温和烟草类型的偏好会长期占据主导地位？正如前文所示，这一偏好的出现远早于吸烟相关健康担忧的增加。事实上，还有一个克罗模型难以解释的问题：为什么我的一些受访者已经进入了"经常吸烟"阶段，仍然**偏好**温和而非强效的烟草？耐受性也无法解释为什么用于**稳定**尼古丁水平的方式会如此天差地别。以卡鲁克吸烟者与当代西方吸烟者最常用的烟草使用形式为例，前者是使用次数很少，但所用烟草的效力十分强大，后者是使用得非常频繁，但所用烟草相对温和。

耐受性概念的问题在于，它假定吸烟者会为了"获得相同感受"而逐渐增加吸烟量。该假设或许适用于海洛因等强效的阿片类药物，但正如前文所述，它非常不适用于尼古丁。我的受访者分享过他们在使用烟草时所想获得的感受，种类很多，五花八门。比如，他们会通过延长戒断期来控制自己的快速抗药反应（即短期戒断反应），也会利用其他技巧来主动实现自己所需的效果。

一些受访者非常讨厌"头昏脑涨"，但也有人主动追求这种体验。同理，卡鲁克吸烟者追求的是**极强**的烟草使用效果，（相较而言）当代西方吸烟者更偏好温和的吸烟体验[1]。据我所知，现在"地下"市场出售的烟草品种都达不到卡鲁克人所用烟草那么烈。全书都在论证，烟草使用的差异性远不止口味不同这么简单。这些差异都与一个事实有关：习惯化也是一个**社会**过程。卡鲁克烟草使用者需要经历非常漫长的习惯化过程。他们的**追求**与当代西方香烟使用者的追求截然不同，他们会**主动**利用各种栽培技术，培育效力极强的烟草品种。不过，卡鲁克人的身体并不具备无限的可塑性，烟草的**习惯化**过程也有极限，因此，只要烟草的强度超过他们习惯的上限，那么无论他们烟龄多长，都始终能感受到极强的烟草效

---

[1] 有意思的是将烟草与其他消遣性药物进行比较研究。以酒精为例，酒精的使用可能有着与烟草使用截然不同的发展路径。比如，酒精被用作心理工具的方式与烟草有很大不同，而无论是在工作中还是在休闲中，烟草的使用都是合法的。正如前文所述，17 世纪的欧洲人认为，酒精和烟草都能令人"沉醉在幻想"之中。关键是，时至今日，这仍然是酒精的常见用途。这里，我要再次提到烟草的"可塑性"，我所提出的这一术语是指，烟草的效力可以被削弱，它的效果也不是明确且固定不变的。至于烟草在当代西方社会中扮演的独特角色，"可塑性"是影响其发展的重要因素。

力。欧洲人在尝试后发现，这些烟草效力太强，完全不符合自己的口味。于是，他们只将最温和、对他们而言最适口的烟草品种带回了西方世界。欧洲烟草使用者追求的效果远比美洲原住民追求的更温和，这与西方社会的需求有关。此外，正如前文广泛探讨过的，社会压力也会影响烟草使用者对效果的追求，比如，随着要求自我克制的社会压力不断加大，20世纪的烟草使用者也逐渐有了与17世纪烟草使用者不同的追求。

由此可知，人们对烟草强度及效果的不同需求代表的不仅仅是烟草使用者本身的有意识偏好，还有内化在他们社会习性中的需求。正如前文所述，欧洲人在首次吸食美洲原住民的烟草后，重病了很久；19世纪的女性很可能耐受不了男性所吸的烟斗用烟草和雪茄烟草；但在16世纪，女性吸烟并不罕见，而且她们所用烟草按当代标准来看，是非常烈的。这些都与他们当时所处社会的习性有关。正如罗伯塔·帕克（Roberta Park）所言：

[维多利亚时代的]中产阶级女性满足了她们自己对经常卧床的"娇弱"女性的刻板印象，因此也证实了医学界对女性就应如此的主流观念。她们确实会晕倒、会无法进食、会频繁遭受病痛折磨、会在各方面表现出一贯的被动与顺从，因此，主流观

念认为女性在身体和生理上都处于明显的弱势。女性对自己"能力弱"的认同，也让这些既定的所谓"事实"有了更重的人道分量和道德分量。（Park 1985：14）

因此，在习性形成或**习惯化**的过程中，社会的**印记**会烙在人体的生理层面，让生活在不同社会中的人表现出不同的"身体素质""味觉""品味"和"耐受阈值"。这些社会习性不仅存在社会间差异，也存在社会内差异。比如，正如第4章所探讨的，部分女性受访者喜欢更烈、"更豪放"的烟草类型，她们明确表示，这种选择与她们的自我形象有关，能够象征年轻、坚韧、强大的工人阶级女性。然而，正如格雷厄姆（1992）所言，这种做法反而会让她们**再度陷入**劣势：更严重的物质匮乏、更高的死亡率等。但在社会习性的影响下，她们很可能会将吸烟视为并用作一种个人自由、一种力量源泉、一种情绪资源，甚至是一种应对这些劣势的方法。

此外，这些社会习性在烟草使用者的人生中并不是一成不变的。比如，他们在"成为吸烟者"的过程中就有可能经历习性的改变。他们的感受方式、情绪控制方式以及味觉和嗅觉，都有可能随着习惯化过程的发展而显著改变。就连对烟草烟雾的感知方式，都会在他们成为吸烟者或重新成为不吸烟者时发生显著改变。以下面这位已戒烟者为例：

> 几天前，我在火车上遇到一个人，他手夹香烟走出吸烟车厢，打算去买咖啡。那股烟味只是从我身旁经过，我就被恶心得转过了身去，心想："这人也太不为他人着想了！"下一秒，我突然想到："上帝啊，当我自己还是吸烟者时……简直做梦都想不到自己会被烟味恶心到。"那人可能会觉得，自己只是夹着烟从这节车厢经过，不吸烟者连这都要反对，简直不可理喻。我能理解他的这种想法，但不吸烟者就是能立刻察觉到烟味。现在的我真的想不通，我过去怎么就察觉不到呢！烟草的烟雾明明就会影响你的衣物，影响你的嗅觉和味觉，影响你的一切。（里克，51岁，高级讲师）

人们对烟草，尤其是特定烟草品种的"口味"偏好和效果追求都是**与社会挂钩**的。因此，卡鲁克吸烟者会追求尼古丁中毒的感觉，烟草萨满甚至更加极端，但这并不符合当代许多西方吸烟者的普遍"口味"与追求，他们更多偏好口味相对温和的烟草类型，更多追求"戒断反应"得到**缓解**的感觉。如今，大部分吸烟者追求的都是通过小剂量的烟草摄入来获得各种不同的效果，这些效果都是温和、不剧烈的，也都没有明确的定义和明确的结束点。他们的这些做法与他们对烟草使用的理解有关，这些理解又与广泛的社会进程有关。当代西方的烟草使用体验是由诸多过程共同构成的，若能利用、发展这里提出的习性概念，再加上未来有望开展的各种研究，我们或许就能更充分地理解这些过程之间动态的相互作用。

对政策的影响

本书的立场是，既不支持吸烟，也不反对吸烟。我无意回答人们是否应该拥有成为吸烟者或不吸烟者的"自由"这个问题。我的核心目标一一直都是，探究前文提到的各种问题是如何影响当前有关吸烟的各种争议的。因此，书中提出的论点可能会对政策产生诸多影响，可能会为想要戒烟的吸烟者提供一些实用的帮助。

根据研究，我有充分理由不看好旨在降低吸烟水平的那些干预措施。烟草的使用根植在西方各国的社会文化之中。如今，电影、书籍、广告、同侪文化、电视等都在或隐晦或直接地巩固着烟草使用与风险、减压和个性化之间的关联，支持着围绕成瘾、自由和控制的争论，这种趋势根本不可阻挡。本书认为，若想通过政策干预来劝阻不吸烟者吸烟，或说服吸烟者戒烟，那就必须找到切断上述关联的方法，这些关联本身就有可能成为人们开始或继续吸烟的合理理由。干预政策需要应对的远不止烟草公司的广告策略和市场营销策略、烟草价格，以及香烟对于儿童的可得性。批评现有政策远比提供替代方案简单得多。但我还是想要试着提供一些政策制定的准则。

首先，不要假定吸烟者在开始吸烟或继续吸烟时并不了解吸烟相关的健康风险。正如第 3 章所示，如今到处都在强调吸烟的长期危害，即吸烟与肺癌、心脏病等疾病之间的关联，但事与愿违的是，这些强调可能反而**增加**了吸烟这一风险行为对想做"坏事"之人的吸引力，尤其是年轻人。在年轻人看来，那些四十多岁以上才会出现的疾病离自己还很远，自己现在还很**安全**。因此，我建议公共教育活动不要大肆渲染吸烟的长期风险。我记得，我上中学时曾经看过一张吸烟者与不吸烟者的肺部对比图，图上那些血淋淋的细节让全班一片沸腾，我也不例外。"恐吓战术"或许有效，但效果有限且短暂，长远来看，就算是出于好意的"恐吓"，可能也只会强化烟草与其风险吸引力之间的隐性关联。在告知公众吸烟相关的健康风险时，应该要实事求是。同理，只是将香烟盒上的警示标志放大、夸张，也可能会带来上述结果。毕竟，有的吸烟者喜欢把嘲讽摆在明面上，他们非常乐意购买黑色包装、使用骷髅头与交叉骨形标志的"死亡"牌香烟。这种健康警示似乎成了对"死亡"牌香烟盒的补充设计。

基于我的研究结论，我认为，若想劝阻年轻人吸烟，公共教育活动就需要在宣传吸烟相关长期风险的同时，解决他们开始吸烟的**直接**动机。将重点放到直接动机上之后，或许就需要探讨香烟究竟是缓解压力的工具，还是压力产生的源泉；它们是不是一种有效的体重控制手段；有没有其他更有效的手段存在。公共教育活动还需要切断吸烟与独立、成年和心理救赎之间的关联。不过，对权威的反抗本就可能成为一种吸烟动机，因此，建议不要以"说教"的形式来教育，否则容易适得其反。以学习者为中心的参与式教育方式更有可能成功。或许可以为不同年龄段的年轻人设计不同的活动，让他们在活动中"揭露"香烟广告的含义，电影对香烟的刻画方式等：这是一个揭穿神话的过程。若能通过类似这样的方式来利用本书论点，或许就能为未来制定政策干预措施提供帮助。

在戒烟方面，本书批评了只考虑从生理层面遏制烟草使用的方法。如前文所述，尼古丁替代品只是"同义反复"这一修辞手法的实物表现：**我们以尼古丁来攻克烟草**。使用尼古丁贴片、口香糖或吸入装置来代替烟草，不仅是**从话语上**，也是**从身体上**将烟草的使用简化成了尼古丁的自我给药。但自相矛盾的是，一旦接受这种观念，认同烟草的使用可以被简化为尼古丁的摄入，那么各种尼古丁替代品都可以被视为**另一种形式**的烟草，都只代表着烟草使用行为的**医学化**进入了一个相对高级的阶段。随着要求公共场所禁烟的压力不断增大，吸烟者确实可以借助这些替代品解决自己的实际需求，但这至多算是权宜之计，根本不可能彻底消灭烟草的使用。本书认为，戒烟远不是不再吞吐烟草烟雾这么简单：要想成功戒烟，必须让自己**成为**已戒烟者或不吸烟者。

关于尼古丁替代品，公认的观点是，吸烟的欲望能够随着尼古丁剂量的逐渐减少而减弱。（有趣的是，这一观点与史实恰恰相反：常用烟草品种的效力越弱，使用频率越高。）这类观点似乎都有一个前提：吸烟的欲望只存在于生理层面。但从前文可知，吸烟的欲望远没有这么简单：烟草的使用会影响个人的身份形成、情绪管理、心理控制等诸多方面。正如前文所述，特定的观念认知、特定的社交场合、特定的事件以及对烟草使用的具体理解和解读都可能增强吸烟的欲望。

当代西方的主流烟草使用观念深刻影响了当代西方

吸烟者的戒烟体验。这种体验完全取决于有关控制的各种概念：被控制、获得控制权、维持控制力、表达控制。通常，对自己已失去吸烟自由的认知反而会增强吸烟者的吸烟欲望。举个例子，一位刚刚戒烟的女士坐在酒吧里，嫉妒地看着酒吧另一头吞云吐雾的男士，他手里那支烟仿佛永远都烧不完一样。"他有吸烟的**自由**，我却没有。"她想着，"我主动'放弃了它'，我为自己的健康做出了'牺牲'。从现在开始，每次去社交场合，我都只能嫉妒地看着其他吸烟者享受吸烟的快乐，这份痛苦还不知会持续到什么时候。"前言中曾提到亚伦·卡尔等作家，他们的最成功之处就是鼓励已戒烟者用更加积极的**戒断体验**取代上面这种非常消极的体验。亚伦·卡尔其实是"倒转"了上述例子中体现的控制概念。换作是他，他会鼓励那位女士为自己再也不会**被迫**吸烟的事实而庆贺：她**自由**了，再也没有不得不吸烟的需求了，她不再需要的不只是现在这支烟，还有未来的无数支[1]。她已经有了同情酒吧另一头那位吸烟者的资格，那个可怜人注定要继续承担满足烟瘾的那份辛苦。

有些人虽然还在利用替代品摄入尼古丁，但他们已经**变回**了不吸烟者。还有一些人虽然已经很久没碰烟草

---

[1] 这里再次凸显出以过程性眼光看待吸烟行为的重要性。

了，但仍然是吸烟者。本书的论点表明，对于想要戒烟但又感觉自己做不到的吸烟者来说，理解自己的烟草使用历程至关重要：他们需要找出自己的吸烟动机；批判性地探究自己找的合理吸烟理由，比如，"我吸烟是因为我有烟瘾"；意识到自己在维持自身吸烟冲动方面发挥了至关重要的主动性。对于可能迅速引发最强烈戒断反应的场合，想戒烟者需要提前制定好应对策略。本书论点还强调了，我们既要从社会层面，也要从个人层面去理解烟草使用的**发展**，这非常重要。在吸烟者的"职业"吸烟"生涯"中，吸烟的合理理由与动机似乎都会沿着某个明确的方向发生变化，因此，成瘾阶段的吸烟者与继续吸烟阶段的吸烟者需要采取不同的戒烟策略。

自相矛盾的是，你又想戒烟，又害怕失去这一主要的情绪资源，而这种害怕可能正维持着你的吸烟需求。这一相互依赖循环是部分吸烟者难以停止吸烟的主要原因。烟草使用的习惯化过程中明显还存在一种类似巴甫洛夫**条件反射**的因素。在我的研究中，确有部分受访者称，若长时间不吸烟，他们会试图用补偿性进食等行为替代吸烟，以重新刺激自己的味觉。从某种意义上说，上述"策略"可被视为利用正强化进行的自我修复。

综上所述，我认为，就算尼古丁替代品有可能为想戒烟者提供一定的帮助，但还有非常多的问题有待系统性地解决。我们需要挑战关于烟草使用和吸烟冲动的主流观念。我已经论证过，想戒烟者应该设法纠正自己的错误观念，即将自己的吸烟行为全部归咎于各种生理过程的"奴役"；应该设法弄清让自己放不下烟草使用的更广泛过程，包括自己在其中扮演的重要的、主动的角色。因此，我建议想戒烟者在制定戒烟策略时，一定要同时兼顾生物药理维度和社会心理维度的阶段体验。换言之，变回不吸烟者所需的改变远不止停止吸烟这一项。

参考文献

Adams, K. R. 1990. "Prehistoric Reedgrass (Phragmites) 'Cigarettes' with Tobacco (*Nicotiana*) Contents: A Case Study from Red Bow Cliff Dwelling, Arizona." *Journal of Ethnobiology* 10 : 123–39.

Alexander, F. W. 1930. "Tobacco: Discovery, Origin of Name, Pipes, the Smoking Habit and Its Psychotherapy." *The Medical Press* 181 (30 July 1930): 89–93.

Alford, B. W. E. 1973. *W. D. & H. O. Wills and the Development of the U.K. Tobacco Industry, 1786–1965.* London: Methuen.

Apperson, G. L. 1914. *The Social History of Smoking,* London: Ballantine Press.

Ashton, H., and Stepney, R. 1982. *Smoking Psychology and Pharmacology,* London: Tavistock.

Becker, H. 1963. *Outsiders: Studies in the Sociology of Deviance.* London: Free Press of Glencoe.

Bell, C. 1898. *The Cigarette. Does it Contain Any Ingredient Other Than Tobacco and Paper? Does it Cause Insanity?* New York: n.p. 文件来自 British Library Shelf–work 7660. g.38.

Bourne, E. G. 1907. "Columbus, Ramon Pane and the Beginnings of American Anthropology." *Proceedings of the American Antiquarian Society,* n.s., 17 : 310–48.

Brandt, A. M. 1990. "The Cigarette, Risk, and American Culture." *Daedalus* 119 (fall): 155–76.

Brooks, J. E. 1937–53. *Tobacco, Its History Illustrated by the Books, Manuscripts and Engravings in the Collection of George Arents, Jr.* 5 vols. New York: The Rosenbach Company.

———. 1953. *The Mighty Leaf: Tobacco through the Centuries.* London: Alvin Redman.

Bucknell. 1857. *Narcotia: or the Pleasures of Imagination, Memory, and Hope United in the Philosophy of Tobacco.* London: Whittaker and Co.

Bureau for Action on Smoking Prevention (BASP). 1992. *Taxes on Tobacco Products.* Brussels: European Bureau for Action on Smoking Prevention.

———. 1994. *Tobacco and Health in the European Union: An Overview.* Brussels: European Bureau for Action on Smoking Prevention.

C. T. 1615. *An Advice on How to Plant Tobacco in England.* London: Nicholas Okes.

Camporesi, L. 1989. *Bread of Dreams.* Oxford: Polity Press. 第 32 页被引用，见 Hale 1993: 546.

Carson, G. 1966. *The Polite Americans.* New York: William Morrow.

Colley, J. R. T., W. W. Holland, and R. T. Corkhill. 1974. "Influence of Passive Smoking and Parental Phlegm on Pneumonia and Bronchitis in Early Childhood." *Lancet* 2 : 1031–34. 第 1031 页被引用，见 Jackson 1994: 431.

Collins English Dictionary. 3d ed. 1991. London: HarperCollins.

Cowan, J. 1870. *The Use of Tobacco vs. Purity Chastity and Sound Health.* New York: Cowan and Company Publishers.

Curtin, M. 1987. *Propriety and Position. A Study of Victorian Manners.* New York: Garland.

Denig, E. T. 1953. *Of the Crow Nation.* Smithsonian Institution, Bureau of American Ethnology Bulletin 151, no. 33. Washington, D.C.: GPO.

Dickens, C. [1842] 1985. *American Notes.* Reprint, London: Granville Publishers.

Dickson, S. A. 1954. *Panacea or Precious Bane: Tobacco in Sixteenth Century Literature.* New York: The New York Public Library.

Diehl, H. S. 1969. *Tobacco and Your Health: The Smoking Controversy.* New York: McGraw–Hill.

Dole, G. 1964. "Shamanism and Political Control among the Kuikuru." In *Beiträge zur Völkerkunde Südamerikas,* Völkekundliche Abhandlungen vol. 1. Hanover: Kommissionsverlag Münstermann—Druck. 第 57–58 页被引用，见 Goodman 1993: 19.

Doll, R., and A. B. Hill. 1952. "A Study of the Etiology of Carcinoma of the Lung." *British Medical Journal* 2 : 1271–

86.

Drake, B. 1996. *The European Experience with Native American Tobacco.* <http://www.tobacco.org/History/history.html>.

Elias, N. 1978. *What Is Sociology?* Stephen Mennell and Grace Morrissey 译 . 1970. London: Hutchinson. 原版名 *Was ist Soziologie* (Munich: Juventa Verlag).

———. 2000. *The Civilizing Process.* Rev. ed. 1939. Oxford: Blackwell. 原版名 *über den Prozess der Zivilisation,* 2 vols. (Basel, Germany: Haus zum Falken).

Elias, N., and E. Dunning. 1986. *Quest for Excitement: Sport and Leisure in the Civilizing Process.* Oxford: Blackwell.

English Mechanic. 1872. *Tobacco and Disease: The Substance of Three Letters.* London: N. Trübner and Co., Paternoster Row.

Erasmus, D. 1985. *De Civilitate Morum Puerilium Libellus.* Brian McGregor 译 . Toronto: University of Toronto Press.

Eriksen, M. P., C. A. LeMaistre, and G. R. Newell. 1988. "Health Hazards of Passive Smoking." *Annual Review of Public Health* 9:47–70.

Ewen, S. 1976. *Captains of Consciousness: Advertising and the Social Roots of the Consumer Culture.* London: McGraw-Hill.

Fairholt, F. W. 1859. *Tobacco: Its History and Associations.* London: Chapman and Hall.

Foucault, M. 1973. *The Birth of the Clinic: An Archaeology of Medical Perception.* A. M. Sherridan Smith 译 . 1963. London: Tavistock Publications. 原版名 *Naissance de la*

Clinique (Paris: Presses Universitaires de France).

———. 1979. *Discipline and Punish. The Birth of the Prison.* Harmondsworth: Penguin.

———. 1980. "Body/Power." In *Michel Foucault: Power/ Knowledge,* C. Gordon 编. Brighton: Harvester.

Freedom Organisation for the Right to Enjoy Smoking (FOREST). 1991. *A Response to Passive Smoking.* Information Sheet no. 1. London: FOREST Publications.

Furst, P. 1976. *Hallucinogens and Culture.* San Francisco: Chandler and Sharp.

Garber, M. 1992. *Vested Interests: Cross-Dressing and Cultural Anxiety.* London: Routledge.

Gernet, A. von. 1992. "Hallucinogens and the Origins of the Iroquoian Pipe/ Tobacco/ Smoking Complex." 见 *Proceedings of the 1989 Smoking Pipe Conference,* C. F. Hayes III 编. Rochester Museum and Science Service, Research Record no. 22. Rochester, N.Y.: Rochester Museum and Science Service.

Gilbert, J. I. 1772. *L'anarchie médicinale.* Neuchatel: n.p. 第 198 页被引用，见 Foucault 1973: 4.

Glantz, A., J. Slade, L. A. Bero, P. Hanauer, and D. E. Barnes. 1996. *The Cigarette Papers.* London: University of California Press.

Goodin, R. E. 1989. "The Ethics of Smoking." *Ethics* 99 : 574– 624. 第 574、587 页被引用，见 Goodman 1993: 243.

Goodman, J. 1993. *Tobacco in History: The Cultures of Dependence.*

London: Routledge.

Goudsblom, J. 1986. "Public Health and the Civilizing Process." *The Milbank Quarterly* 64, no. 2 : 161–88.

Graham, H. 1992. *When Life's a Drag: Women Smoking and Disadvantage.* London: HMSO.

Greaves, L. 1996. *Smoke Screen. Women's Smoking and Social Control.* London: Scarlet Press.

Gusfield, J. 1993. "The Social Symbolism of Smoking and Health." In *Smoking Policy: Law, Politics, and Culture,* R. Rabin and S. Sugarman 编 . Oxford: Oxford University Press.

Haberman, T. W. 1984. "Evidence for Aboriginal Tobaccos in Eastern North America." *American Antiquity* 49 : 269–87.

The Habits of Good Society: A handbook of etiquette for ladies and gentlemen. 1868. London: Cassell, Petter, and Galpin, La Belle Sauvage Yard, Ludgate Hill, E. C.

Hackwood, F. 1909. *Inns Ales and Drinking Customs of Old England.* London: T. Fisher Unwin.

Hale, J. 1993. *The Civilization of Europe in the Renaissance.* London: HarperCollins.

Hammond, E. C., and D. Horn. 1958. "Smoking and Death Rates—Report on Forty-Four Months of Follow-Up on 187,783 Men. 1. Total Mortality." *Journal of the American Medical Association* 166, no. 10 (8 March): 1159–72.

Harrington, J. 1932. *Tobacco Smoking among the Karuk Indians of California.* Smithsonian Institution, Bureau of American Ethnology Bulletin 94. Washington, D.C.: GPO.

Harrison, L. 1986. "Tobacco Battered and the Pipes Shattered: A Note on the Fate of the First British Campaign against Tobacco Smoking." *British Journal of Addiction* 81 : 553–58.

Hart, J. 1633. *KANIKH or the Diet of the Diseased*. London. 第 320 页被引用，见 Goodman 1993: 61.

Heywood, J. 1871. *The Tobacco Question. Physiologically, Chemically, Botanically, and Statistically Considered*. London: Simpkin, Marshall and Co.

Higler, M. 1951. *Chippewa Child Life and Its Cultural Background*. Smithsonian Institution, Bureau of American Ethnology Bulletin 146. Washington, D.C.: GPO.

Hirst, F. 1953. *The Conquest of Plague: A Study in the Evolution of Epidemiology*. Oxford: Clarendon Press.

Hughes, J. 1996. "From Panacea to Pandemic: Towards a Process Sociology of Tobacco–Use in the West." Ph.D. diss., University of Leicester.

Jackson, P. 1994. "Passive Smoking and Ill–Health: Practice and Process in the Production of Medical Knowledge." *Sociology of Health and Illness* 16, no. 2 : 423–47.

Jacobson, B. 1981. *The Ladykillers. Why Smoking Is a Feminist Issue*. London: Pluto Press.

James I. 1954. *A Counterblaste to Tobacco*. 1604. London: Rodale Press.

Johnston, L. 1957. *The Disease of Tobacco Smoking and Its Cure*. London: Christopher Johnson.

Kanner, L. 1931. "Superstitions Connected with Sneezing."

Medical Life 38 : 549–75.

Klein, R. 1993. *Cigarettes Are Sublime*. Durham, N.C.: Duke University Press.

Kluger, R. 1996. *Ashes to Ashes: America's Hundred-Year Cigarette War, the Public Health, and the Unabashed Triumph of Philip Morris*. New York: A. A. Knopf.

Koskowski, W. 1955. *The Habit of Tobacco Smoking*. London: Staples Press.

Krogh, D. 1991. *Smoking: The Artificial Passion*. New York: W. H. Freeman and Co.

Labat, J. B. 1742. *Nouveau voyage aux isles de l'Amérique*. Vol. 6 Paris: Delespine. 第 278—79 页被引用，见 Goodman 1993: 79–90.

Lacey, R. 1973. *Sir Walter Raleigh*. London: Cardinal.

Laurence, C. 1996. "Psst! Want to see a video of a fully–dressed woman smoking?" *The London Telegraph,* 2 February 1996, Main News, p. 1.

Leach, E. 1986. "Violence." *London Review of Books,* October.

Leary, D. 1997. *No Cure for Cancer;* 电影表演记录 <http://www. endor.org/leary/index.shtml>.

Lee, P. N. 1976. *Statistics of Smoking in the UK*. 7th ed. London: Tobacco Research Council.

Lohof, B. A. 1969. "The Higher Meaning of Marlboro Cigarettes." *Journal of Popular Culture* 3 : 441–50.

Mack, P. H. 1965. *The Golden Weed: A History of Tobacco and of the House of Andrew Chalmers 1865–1965*. London: Newman

Neame.

Meeler, H. J. 1832. *Nicotiana; or the Smoker's and Snuff Taker's Companion.* London: Effingham Wilson.

Mihill, Christopher. 1997. "Government to Phase Out Sports Sponsorship to Help Discourage 'Trendy Youngsters' from Smoking." *The London Guardian,* 15 July, Health, p. 5.

Mitchell, D. 1992. "Images of Exotic Women in Turn-of-the-Century Tobacco Art." *Feminist Studies* 18, no. 2 : 327–50.

Monardes, N. 1925. *Joyfull Newes Out of the Newe Founde Worlde.* John Frampton 译 . London: Constable.

Morgan, L. H. 1901. *League of the HO-DE'-NO-SAU-NEE.* Vol. 1. New York: Burt Franklin.

Mulhall, J. C. 1943. "The Cigarette Habit." *Annals of Otology* 52 : 714–21.

National Opinion Poll Research Group (NOP). 1993. *Smoking in Public Places.* 由 NOP Social and Political for the [U.K.] Department of the Environment 执行报告 . London: HMSO.

Oberg, K. 1946. *Indian Tribes of Northern Mato Grosso, Brazil.* Smithsonian Institution, Bureau of American Ethnology publication no. 15. Washington, D.C.: GPO.

Old Smoker. 1894. *Tobacco Talk.* Philadelphia: The Nicot Publishing Co.

Park, R. 1985. "Sport, Gender and Society in a Transatlantic Victorian Perspective." *British Journal of Sports History* 2:5–28. 第 14 页被引用, 见 Shilling 1993: 112.

Parker, H. 1722. *The First Part of the Treatise of the Late Dreadful*

Plague in France Compared with that Terrible Plague in London, in the Year 1665. In Which Died near A Hundred Thousand Persons. 基于一篇早先的论文 (London, 1721), "The Late Dreadful Plague at Marseilles Compared with That Terrible Plague in London." London: 为作者印制.

Paulli, S. 1746. *A Treatise on Tobacco, Tea, Coffee and Chocolate.* 译自拉丁文原版 (London, 1665), *Commentarius de Abusu Tabaci Americanorum Veteri, et Herb.* 为 J. Hildyard at York, M. Bryson at Newcastle, and J. Lencke at Bath 印制.

Penn, W. A. 1901. *The Soverane Herbe: A History of Tobacco.* London: Grant Richards.

Porter, C. 1972. *Not without a Chaperone. Modes and Manners from 1897 to 1914.* London: New English Library.

Porter, G., and H. C. Livesay. 1971. *Merchants and Manufacturers.* Baltimore: The John Hopkins University Press.

Porter, P. H. 1971. "Advertising in the Early Cigarette Industry: W. Duke, Sons and Company of Durham." *The North Carolina Historical Review* 48:31–43.

Redway, G. 1884. *Tobacco Talk and Smoke Gossip.* London: 为作者印制.

Rosen, G. 1958. *A History of Public Health.* New York: MD Publications.

Russell, M. A. H. 1983. "Smoking, Nicotine Addiction, and Lung Disease." *European Journal of Respiratory Diseases Supplement* 64, no. s126 : 85–89.

Scharff, R. C. 1995. *Comte after Positivism.* Cambridge:

Cambridge University Press.

Scherndorf, J. G., and A. C. Ivy. 1939. "The Effect of Tobacco Smoking on the Alimentary Tract." *Journal of the American Medical Association* 112, no 10 : 898–903.

Schivelbusch, W. 1992. *A Social History of Spices, Stimulants, and Intoxicants.* New York: Pantheon Books.

Shammas, C. 1990. *The Pre-Industrial Consumer in England and America.* Oxford: Oxford University Press.

Shilling, C. 1993. *The Body and Social Theory.* London: Sage.

Steinmetz, A. 1857. *Tobacco: Its History, Cultivation, Manufacture, and Adulterations.* London: Richard Bentley.

Sylvestro, J. 1620. *Tobacco Battered and The Pipes Shattered (about their Ears that idley Idolize so base and barbarous a WEED; OR AT LEAST-WISE OVER-LOVE so loathsome Vanitie).* Pamphlet, n.p. Obtained from Wigston Records Office, Leicester.

Tanner, A. E. 1950. *Tobacco: From the Grower to the Smoker.* 5th ed. 1912. London: Sir Isaac Pitman and Sons, Ltd.

Tate, C. 1999. *Cigarette Wars: The Triumph of the Little White Slaver.* Oxford: Oxford University Press.

Tennant, R. B. 1950. *The American Cigarette Industry.* New Haven, Conn.: Yale University Press.

Thompson, L. 1916. *To the American Indian.* Eureka, Calif.: 为作者印制. 文件来自 British Library Shelfwork Mic.A.13426.

Tidwell, H. 1912. *The Tobacco Habit: Its History and Pathology.* London: J&A Churchill.

Tooker, E. 1964. *An Ethnography of the Huron Indians, 1615–1649.* Smithsonian Institution, Bureau of American Ethnology Bulletin 190. Washington, D.C.: GPO.

Trübner, N. 1873. *The Phisiological Position of Tobacco.* 转载自 the *Quarterly Journal of Science,* London.

Wafer, L. 1934. *A New Voyage & Description of the Isthmus of America...with Wafer's Secret Report (1698) and Davis's Expedition to the Gold Mines (1704).* 1699. L. E. Elliot Joyce 编并撰写引言、注释和附录. Hakluyt Society, 2d ser., no. 73. Oxford: Hakluyt Society.

Walton, J., ed. 2000. *The Faber Book of Smoking.* London: Faber and Faber.

Welshman, J. 1996. "Images of Youth: The Issue of Juvenile Smoking 1880–1914." *Addiction* 91, no. 9 : 1379–86.

West, R. 1993. "Beneficial Effects of Nicotine: Fact or Fiction?" *Addiction* 88 : 589–90.

West, R., and N. E. Grunberg. 1991. "Implications of Tobacco Use As an Addiction." *British Journal of Addiction* 86: 485–88. 第 486 页被引用, 见 Goodman 1993: 5.

Wilbert, J. 1987. *Tobacco and Shamanism.* New Haven, Conn.: Yale University Press.

Wouters, C. 1976. "Is het civilisatieproces van richting veranderd?" (Is the civilizing process changing direction?) *Amsterdams Sociologish Tijdschrift* 3, no. 3 : 336–37.

——. 1977. "Informalization and the civilizing process." in *Human Figurations: Essays for Norbert Elias,* P. R. Gleichmann et al. 编 , 437–53. Amsterdam: Stichting Amsterdams Sociologisch Tijdschrift.

———. 1986. "Formalization and Informalization: Changing Tension Balances in Civilizing Processes." *Theory, Culture and Society* 3, no. 2 : 1–18.

———. 1987. "Developments in Behavioural Codes between the Sexes: Formalization of Informalization in the Netherlands, 1930–85." *Theory, Culture and Society,* 4, nos. 2–3 : 405–27.

Wyckoff, E. 1997. *DRY DRUNK: The Culture of Tobacco in 17th- and 18th-Century Europe.* <http://www.nypl.org/research/chss/spe/art/print/exhibits/drydrunk/intro.htm>. The New York Public Library.

Young Britons League. 1919. *A1 or C3.* London: Young Britons League Against Tobacco.

图书在版编目（CIP）数据

吞云吐雾：西方烟草使用史 /（英）贾森·休斯著；
石雨晴译 . — 贵阳：贵州人民出版社，2024.1
ISBN 978-7-221-17898-5

Ⅰ.①吞… Ⅱ.①贾… ②石… Ⅲ.①烟草－文化史
－西方国家 Ⅳ.① TS4-091

中国国家版本馆 CIP 数据核字（2023）第 168669 号

著作权合同登记号：22-2023-101
Learning to Smoke: Tobacco Use in the West Licensed by The University of Chicago
Press, Chicago, Illinois, U.S.A.

Tun Yun Tu Wu：Xi Fang Yan Cao Shi Yong Shi

吞云吐雾：西方烟草使用史

（英）贾森·休斯　著

出 版 人	朱文迅
策划编辑	汉唐阳光
责任编辑	唐　露
装帧设计	陆红强
责任印制	李　带
出版发行	贵州出版集团　贵州人民出版社
地　　址	贵阳市观山湖区中天会展城会展东路SOHO公寓A座
印　　刷	北京汇林印务有限公司
版　　次	2024 年 1 月第 1 版
印　　次	2024 年 1 月第 1 次印刷
开　　本	870mm×1120mm　1/32
印　　张	11.5
字　　数	200 千字
书　　号	ISBN 978-7-221-17898-5
定　　价	68.00 元